基本からわかる
信号処理
講義ノート

渡部英二 ［監修］
久保田 彰・神野健哉・陶山健仁・田口 亮 ［共著］

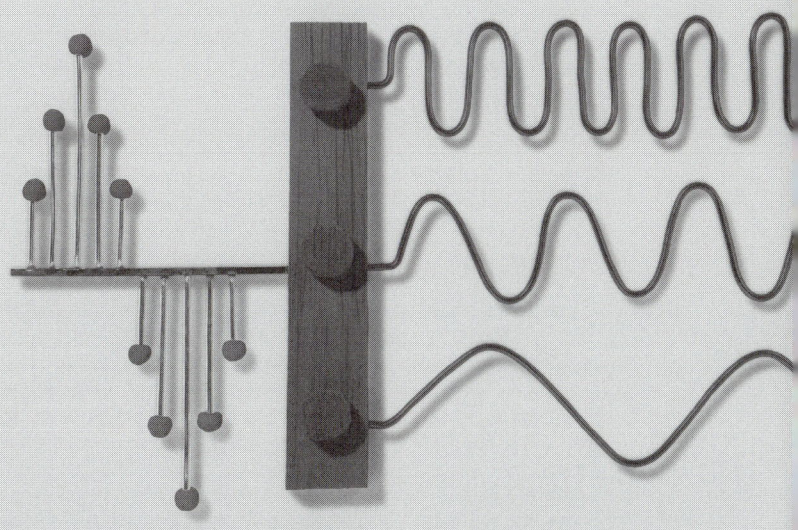

Ohmsha

本書を発行するにあたって，内容に誤りのないようできる限りの注意を払いましたが，本書の内容を適用した結果生じたこと，また，適用できなかった結果について，著者，出版社とも一切の責任を負いませんのでご了承ください．

本書は，「著作権法」によって，著作権等の権利が保護されている著作物です．本書の複製権・翻訳権・上映権・譲渡権・公衆送信権（送信可能化権を含む）は著作権者が保有しています．本書の全部または一部につき，無断で転載，複写複製，電子的装置への入力等をされると，著作権等の権利侵害となる場合があります．また，代行業者等の第三者によるスキャンやデジタル化は，たとえ個人や家庭内での利用であっても著作権法上認められておりませんので，ご注意ください．

本書の無断複写は，著作権法上の制限事項を除き，禁じられています．本書の複写複製を希望される場合は，そのつど事前に下記へ連絡して許諾を得てください．

出版者著作権管理機構
（電話 03-5244-5088，FAX 03-5244-5089，e-mail：info@jcopy.or.jp）

JCOPY ＜出版者著作権管理機構 委託出版物＞

監修のことば

　携帯音楽プレーヤーやスマートフォンに代表される現代のオーディオ・ビジュアル機器および通信機器においては，信号処理が核心技術の一つになっています．これらの機器では，情報の収集，蓄積，変換および伝送のそれぞれの場面において様々な信号処理アルゴリズムが使用されて一つのシステムを構成しています．かつてのアナログ信号処理が主流の時代には信号処理と回路設計は表裏一体となっていて，信号処理のアルゴリズムが単独で考えられることはほとんどありませんでした．ところが，この20年のVLSI技術の劇的な発展によりディジタル信号処理が現実のものとなり，回路（ハードウェア）と信号処理アルゴリズム（ソフトウェア）を分けて考えることが可能になりました．その結果，ディジタル信号処理を前提とした高機能な信号処理アルゴリズムが実用化されて現在のディジタル全盛の時代となったわけです．

　大学における信号処理教育はディジタル信号処理の普及前後で様変わりしました．ディジタル信号処理が普及する前の時代は，回路や通信方式などの関連した科目の中で分散して講義されていました．ディジタル信号処理が普及してからは，ほとんどの大学で「信号処理」あるいは「ディジタル信号処理」といった名称でカリキュラムに取り入れられました．ポピュラー科目となった信号処理ではありますが，その履修にはある種の困難さがあります．なぜなら，信号処理は内容が多岐に渡るため，受講する学生には前提知識の不足分を自分で埋め合わせる努力が求められるからです．

　本書は，前提知識に不安を感じる読者が信号処理の基本をまんべんなく身につけることのできる教科書あるいは参考書として企画しました．その内容は，現在の信号処理の現状に配慮して，ディジタル信号処理が中心となっています．しかし，各種センサの出力がアナログ信号であることから，ディジタル信号処理を考えるのに欠かすことのできないアナログ信号処理の基礎事項についても触れています．基本事項をやさしく解説するという本書の性格上，信号処理の音声や画像

および通信への具体的な応用には言及していませんが，本書で基礎を学んだ後であれば，それぞれの分野の専門書を読みこなすことが可能です．

　本書の構成は，次のようになっています．まず，1章では信号処理とは何かについて各論的に述べ，信号処理に対する具体的なイメージを形成します．2章以降では，アナログ信号とシステム，アナログ－ディジタルインタフェース，ディジタルシステムの順序で述べていきます．2章ではアナログ信号のフーリエ解析について述べ，時間領域と周波数領域の概念を導入します．3章では連続時間システムについて述べ，アナログ信号処理の基本事項を押さえます．4章ではサンプリング定理を取り上げ，アナログとディジタルのインタフェースの基礎概念について述べます．5章では離散時間信号のフーリエ解析について述べ，離散時間領域すなわちディジタル領域における時間領域と周波数領域の概念を導入します．6章では離散時間システムを取り上げ，離散時間システムの性質について述べるとともに，最も基本的な信号処理要素であるディジタルフィルタの設計法のさわりを述べます．

　本書を通して読者が信号処理の山脈への一歩を踏み出すことができるならば，著者一同の望外の喜びとなります．最後に，本書の出版に際して多大なお世話をいただいたオーム社出版部の皆様に謝意を表します．

　2014年3月

監修者　渡部英二

目次

1章 信号処理とは

- 1-1 信号とその処理 …………………………………… 2
- 1-2 信号の分類 …………………………………………… 8
- 1-3 アナログ信号処理とディジタル信号処理 ………… 10
- 1-4 ディジタル信号処理固有の処理 …………………… 12

2章 フーリエ解析

- 2-1 周期信号と正弦波信号 ……………………………… 16
- 2-2 フーリエ級数 ………………………………………… 20
- 2-3 複素フーリエ級数 …………………………………… 29
- 2-4 いろいろな周期信号を複素フーリエ級数展開してみよう … 35
- 2-5 フーリエ変換 ………………………………………… 41
- 2-6 いろいろな信号をフーリエ変換してみよう ……… 46
- 練習問題 …………………………………………………… 50

3章 連続時間システム

- 3-1 連続時間システムの性質 …………………………… 52
- 3-2 微分方程式 …………………………………………… 59
- 3-3 システムの周波数特性 ……………………………… 61
- 3-4 ラプラス変換 ………………………………………… 65
- 3-5 伝達関数 ……………………………………………… 73
- 練習問題 …………………………………………………… 77

v

4章 サンプリング定理

- 4-1 A-D 変換と D-A 変換 …… 80
- 4-2 サンプリング定理 …… 83
- 4-3 D-A 変換 …… 92
- 4-4 量子化 …… 95
- 練習問題 …… 99

5章 離散時間信号のフーリエ解析

- 5-1 離散時間信号 …… 102
- 5-2 離散時間フーリエ変換 …… 105
- 5-3 いろいろな離散時間信号を離散時間フーリエ変換してみよう … 109
- 5-4 離散フーリエ変換 …… 114
- 5-5 いろいろな離散時間信号を離散フーリエ変換してみよう …… 118
- 練習問題 …… 121

6章 離散時間システム

- 6-1 離散時間システムの性質 …… 124
- 6-2 離散時間システムの差分方程式表現 …… 131
- 6-3 離散時間システムの周波数特性 …… 133
- 6-4 z 変換 …… 135
- 6-5 伝達関数 …… 139
- 6-6 ディジタルフィルタ …… 148
- 練習問題 …… 159

練習問題解答＆解説 …… 160
索　引 …… 170

1章

信号処理とは

信号とは何でしょうか？ どのような性質をもっているのでしょうか？ 何のために，どのように信号を処理する必要があるのでしょうか？ ディジタル信号処理でアナログ信号処理の役目を担うことができるのでしょうか？ アナログ信号処理では不可能な有意義な処理がディジタル信号処理で実現できるのでしょうか？ ディジタル信号処理を学ぶための準備をしましょう．

1-1 信号とその処理

1-2 信号の分類

1-3 アナログ信号処理とディジタル信号処理

1-4 ディジタル信号処理固有の処理

1-1 信号とその処理

キーポイント

> 信号は時間や位置の変化を通じて「情報」を担っています．「情報」は，たとえば音声や画像だったり，人の脳波だったりといったものです．人の生活には種々の信号がかかわっています．それらの信号を扱いやすいかたちで取り出したり，加工したりすることを信号処理といいます．そのかかわりを理解するために，代表的な信号とその処理例をみていきましょう．

信号は何らかの量が時間的もしくは空間的に変化することによって，**情報**を担うものです．信号は測定することで，定量化されます．たとえば，ある時間的に変化する波形を考えたとき，波が密な箇所を1，波が疎な箇所を0とすれば，この波形は1と0の情報を担う信号であると考えることができるでしょう．**信号の担う情報は変化パターンによって与えられます**．

図1・1は人が発声した母音/ア/，/イ/，/ウ/（音声情報）をマイクロフォンによって電気信号に変換させて表したものです．母音の種類の差は波形パターンの違いとして現れていることがわかります．音は，音源の振動による空気圧の変化として発生します．マイクロフォンはその変化を電気信号に変換する装置であり，空気圧の測定器とも解釈できます．

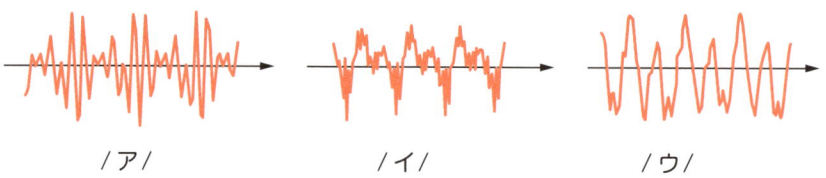

図1・1 母音/ア/，/イ/，/ウ/の波形

画像も信号です．テレビでは画像の各点の明暗を撮像装置（撮像デバイス）により電気信号の強弱に変換して像として表示します．

人そのものも信号発生器です．健康診断において，心電図や血圧など（生体情報）の**生体信号**を測定します．これらも心電計や血圧計によって人の発する信号を電気信号に変換し，それらの信号を観測することで，人の健康状態を知ろうとしています．

補足⇒「信号処理」：signal processing

いろいろな物理量の信号を電気信号に変換するのは，信号を遠くへ伝送したり，蓄積したり，種々の処理を施すために電気信号が便利だからです．よく使われる基本的な処理としては，まず，フィルタ処理があります．フィルタ処理は信号中の特定の周波数帯域の成分のみを取り出す処理です．また，信号の解析手段として最も一般的な方法がフーリエ変換です．時間域または空間域の信号がどのような周波数成分をもっているかを知るための変換です．いま，図1・2にフーリエ変換を行った例を示しています．図中のEの波形はA～Dの異なった周波数の正弦波を足し合わせたものです．Eの波形に対してフーリエ変換を施すことによって，Eの波形をA～Dの正弦波に分解することができます．そして，フーリエ変換を使って信号の特徴を捉えたり，特定の周波数帯域を取り出すフィルタ処理を行うことができます．

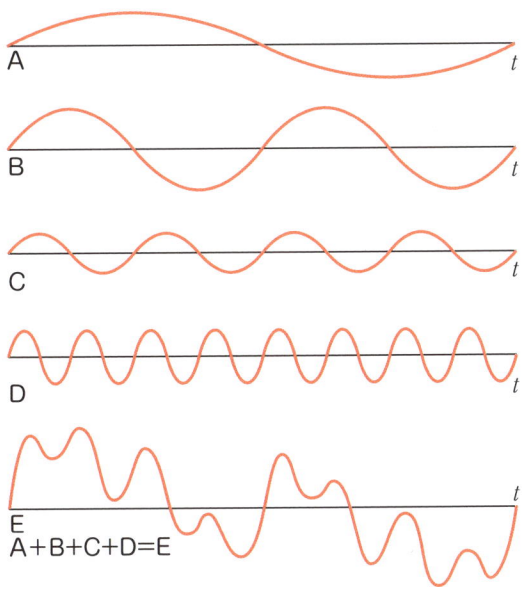

図1・2■信号のフーリエ変換例

　信号処理が用いられる分野は通信，制御，音声・音響，画像，医用，レーダー，リモートセンシングなど，きわめて広いです．具体的なイメージをもってもらうために，以下では音声信号，画像信号，生体信号に対してその処理例を挙げてみましょう．

補足⇒「フーリエ変換」については2章で詳しく学びます．

1 音声信号処理例

　音声信号とは人の発話によって発生する信号です．**音声信号処理**とは『その音声に何らかの加工を行い，目的とする信号を作る，または，取り出す』ことを指します．ここでは，雑音除去に対する技術について説明しましょう．

(1) 雑音除去

　携帯電話などにおいては人の多い騒がしい場所から電話することもあります．そのような場所で電話を利用すれば，伝えたい人の音声だけではなく，周囲の音（音声に対しては雑音）も混ざりあって相手方に伝わってしまいます．そのため，伝える目的の人の声だけを取り出す信号処理が必要となります．代表的な技術として**スペクトルサブトラクション（スペクトル減算）法**があります（図1・3）．この処理はフーリエ変換で信号を周波数成分に分解します．雑音の周波数成分を雑音重畳音声〔同図(a)〕の周波数成分から引き去ることで，雑音を除去し，人の音声信号〔同図(b)〕のみを取り出そうとする技術です．

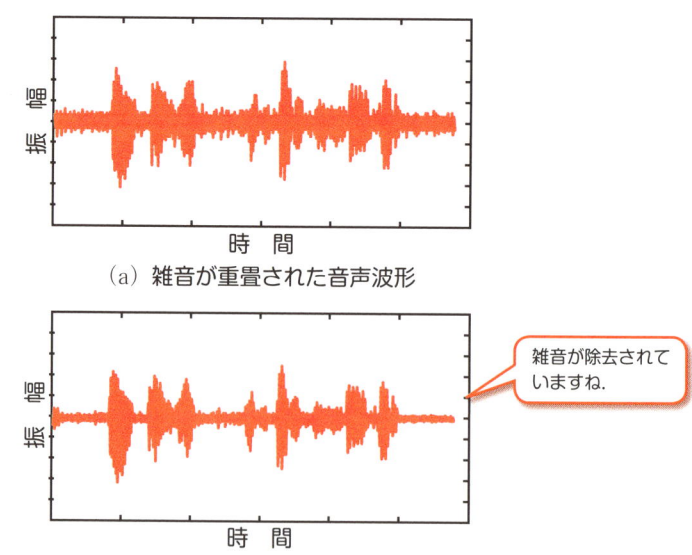

(a) 雑音が重畳された音声波形

(b) スペクトルサブトラクション（スペクトル減算）処理後

雑音が除去されていますね．

図1・3■スペクトルサブトラクション(スペクトル減算)法

補足⇒「スペクトルサブトラクション」：spectral subtraction

（2）ノイズキャンセラ

　適応ノイズキャンセラと呼ばれる技術を紹介しましょう（図1・4）．これは 1-4 節で後述する適応信号処理技術を用いるものです．雑音測定用にマイクを設け，その雑音（ノイズ）が，音声用のマイクロホンへ到達する過程（同図における未知システム）を適応ディジタルフィルタ〔図中の ADF（adaptive digital filter）〕により推定し，音声用のマイクに入力された音声と雑音が混じった信号から，推定した雑音を差し引くことで音声データのみを取り出そうとするものです．

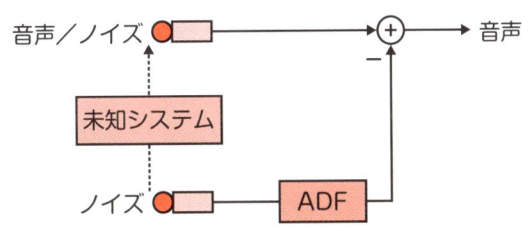

ADF：adaptive digital filter

図1・4■ノイズキャンセラ

2　画像信号処理例

　画像信号処理とは『画像を伝送，記録，解析，加工する技術』です．高速な画像伝送のためには画像圧縮が必要ですし，画像解析の応用としては画像認識が位置付けられ，多種多様な目的のための処理があります．ここでは，画像圧縮と雑音除去について説明しましょう．

（1）画像圧縮

　代表的な画像圧縮方式としてはインターネットのウェブサイトなどで広く用いられる JPEG や GIF などがあります．圧縮した画像を，圧縮前の元の画像に戻すことができる可逆圧縮と，画像の劣化を伴い，圧縮前の元の画像に戻すことができない非可逆圧縮に大別されます．高能率圧縮のためには非可逆圧縮を用いる必要があり，X 線医用画像など，データへの劣化を生じさせてはならない場合は可逆圧縮を用いることになります．

　非可逆圧縮の JPEG の場合，一定の画素数のブロック（たとえば 8×8 画素の

補足➡「雑音（ノイズ）」：noise

ブロック）に分割したデータに離散コサイン変換と呼ばれる直交変換を施します．離散コサイン変換はフーリエ変換同様に信号の解析手段であり，離散コサイン変換を行うと，画像データが離散コサイン変換係数に変換されます．一般に人物や風景など自然画像データは低次の数の少ない変換係数の値が大きくなります．それに対して高次の数の多い変換係数の値は小さくなります．このことを利用して低次の変換係数に長いビット長（けた数）を割り当てて，高次の変換係数のビット長を短くすることで，情報の圧縮が実現されます．

（2）雑音除去

雑音除去は画像においても必要不可欠な技術です．画像に重畳された雑音は視覚情報として捉えられますから，雑音が除去できたか否かの判定は人が主観的に行うことが一般的です．

画像に対する人の視覚に刺激的な雑音に**インパルス雑音**があります．**図1・5**(a)にインパルス雑音が重畳した画像を示します．非常に劣化した画像のように感じられますね．この画像に**平均値フィルタ処理**を行った結果が同図(b)であり，1-4節で紹介する非線形フィルタの代表的なフィルタである**メジアンフィルタ**を施した結果が同図(c)となります．メジアンフィルタはディジタル信号処理固有のフィルタですが，インパルス雑音除去に非常に効果的であることがわかります．

　(a) 雑音重畳画像　　　(b) 平均値フィルタ　　　(c) メジアンフィルタ

図1・5■インパルス雑音とその除去

「一目瞭然！」

補足➡「メジアン」：median；中央値．複数の値があるときの中央の値のことです．

3 生体信号処理例

　生体信号といっても脳波，心電図，筋電など，多種に渡ります．医用とのかかわりが強い分野であり，それら生体信号の解析の主目的は診断や治療のモニタリングといえます．そのような背景のなかで，日常生活に役立つ生体信号処理として生体信号や生体情報を用いて個人を認証する技術である生体認証の研究，実用化が盛んに行われています．

　生体認証への利用に適した生体情報は，すべての人がもつ特徴であり，同じ特徴をもつ他人がいないこと，年齢を重ねてもその特徴が変化しないことなどが求められます．生体認証に用いられる代表的な生体情報を図1・6に示します．それらのなかで，たとえば，指紋・虹彩・静脈パターンは一卵性双生児であっても異なることが知られています．最近では，心電図の高周波数成分にも個人特有の情報が含まれていることが明らかにされています．生体情報・生体信号の利用により，高いレベルのセキュリティが実現されてきています．

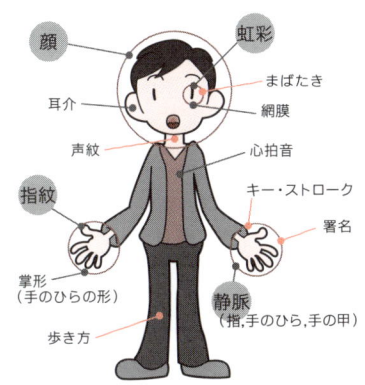

図1・6■生体認証に使われる主な生体情報

　以上，示した例はわずかではありますが，信号とその処理の多種多様性について理解できたと思います．2章以降では，すべての信号に対して共通（普遍）の解析方法や処理方法について解説していきます．

1-2 信号の分類

キーポイント

信号には周期的なもの，短時間しか存在しないもの，ランダムなものなどがあります．また，信号はその形態による違いとして，アナログ信号とディジタル信号に分類できます．種々の観点から，信号の分類をしてみましょう．

1 周期信号・孤立信号・不規則信号

（1）周期信号

表1・1(a)に示す正弦波や方形パルス列のように一定の周期で同じ波形を繰り返す信号です．

（2）孤立信号

表1・1(b)に示す方形パルスのように，信号の存在範囲が有限（1回だけ生じる）信号です．

（3）不規則信号

振幅が時間とともに不規則に変化する信号です．ランダム雑音という名称で呼ばれる，全く規則性をもたない白色雑音は不規則信号の代表例です．音声信号は擬似的な周期性部分（母音部分）と白色雑音的な部分（子音部分）を併せもっています．

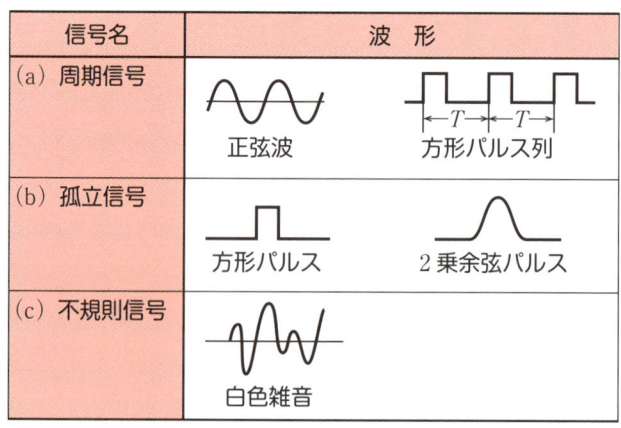

表1・1 ■周期信号・孤立信号・不規則信号

補足⇒「周期信号」：periodic signal

2 アナログ信号・ディジタル信号

(1) アナログ信号

図1・7(a)に示すように，時間的に変化する信号は，独立変数を時間 t とした1変数の関数 $x(t)$（$-\infty < t < \infty$）と表現できます．この信号の場合，時間に対しても関数値に対しても<u>連続量</u>となっています．この信号を<u>アナログ信号</u>と呼びます．<u>連続時間信号</u>と呼ぶこともあります．

(2) 離散時間信号

ディジタル信号処理はコンピュータやプロセッサによって実行されます．コンピュータやプロセッサで信号を扱うためには，信号を時間と関数値に対して<u>離散量</u>とする（<u>離散化</u>）必要があります．

アナログ信号 $x(t)$ を時間に対して離散化した信号 $x(n)$（$-\infty < n < \infty$：n は整数）を<u>離散時間信号</u>と呼びます．離散時間信号は<u>数列</u>といえます．アナログ信号から離散時間信号を得るためには，一定時間間隔で<u>サンプリング</u>（<u>標本化</u>）する必要があります（図1・7(b)）．

(3) ディジタル信号

離散時間信号 $x(n)$ はアナログ信号の時間に対して離散化を行った信号でした．その信号をコンピュータやプロセッサに扱えるようにするためには，さらに，関数値（信号値）を離散化する必要があります．あらかじめ信号値が取り得る有限個のレベルを決めておき，信号値を最も近いレベルの値に変える操作（<u>量子化</u>と呼びます）によって，信号値が離散化されます．離散時間信号 $x(n)$ に量子化を適用することで，時間と信号値に対して離散化された<u>ディジタル信号</u> $x_D(n)$ が得られることになります（図1・7(c)）．

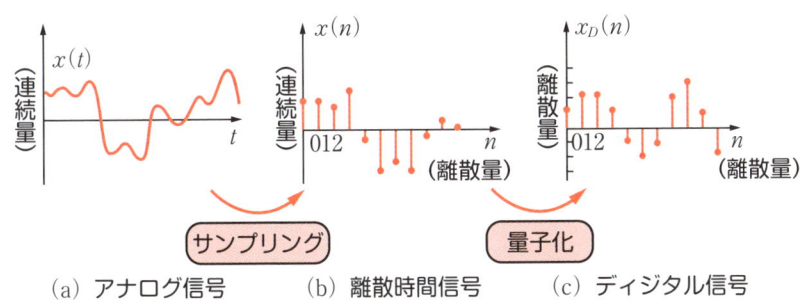

(a) アナログ信号　(b) 離散時間信号　(c) ディジタル信号

図1・7 ■ アナログ信号とディジタル信号

補足 ⇒ 「離散化」：discretization，「標本化」：sampling，「量子化」：quantization

1-3 アナログ信号処理とディジタル信号処理

キーポイント

ディジタル信号処理はコンピュータやプロセッサの進歩とともに私たちの生活を支える技術・製品を提供しています．そんなディジタル信号処理は昔ながらのアナログ信号処理の役割をすべて果たすことができているのでしょうか．アナログ信号処理とディジタル信号処理の関係を明らかにしてみましょう．

ここでは，アナログフィルタとディジタルフィルタを例にとり，ディジタル信号処理でアナログ信号処理と等価な処理が実現可能であることを明らかにします．

アナログフィルタは，抵抗，キャパシタ（コンデンサ），そしてインダクタ（コイル）を構成要素とします．ここでは，図1・8(a)に示す抵抗 R とキャパシタ C とでつくられる RC 回路を考えてみます．フィルタの入力を $x(t)$，出力を $y(t)$ とします．低周波数領域でのキャパシタのインピーダンスは大きく，周波数が高くなるとインピーダンスは小さくなります．すなわち，キャパシタ両端の電圧である出力 $y(t)$ は低周波数帯では大きく，高周波数帯では小さくなる，いわゆる低域通過フィルタと見なせます．いま，入力 $x(t)$ に単位ステップ信号を与えたときの出力 $y(t)$ を同図(b)に示しました．

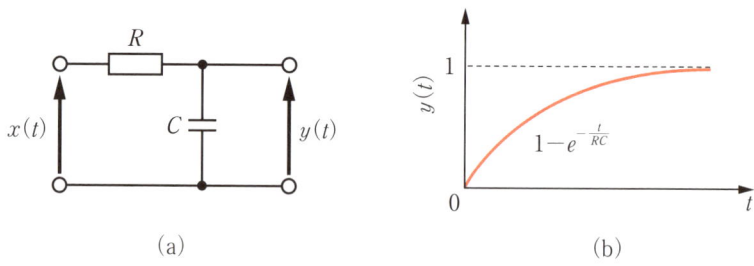

図1・8 ■アナログフィルタ

一方，ディジタルフィルタは遅延素子，加算器，係数乗算器を構成要素とします．図1・9に示す，それぞれの要素を一つずつ用いた簡単なフィルタを考えてみましょう．係数 b の値を変えるとフィルタ特性が変化します．係数 b を適切に選ぶことで，RC 回路とほぼ等価な低域通過フィルタを構成できます．ちなみに，ここでも入力 $x(n)$ に離散時間単位ステップ信号を加えたときの出力 $y(n)$ を同図(b)に示しました．図1・8(b)の応答波形に対応していることがわかります．

補足 ➡ 「遅延素子」：delay element，「加算器」：adder，「乗算器」：multiplier

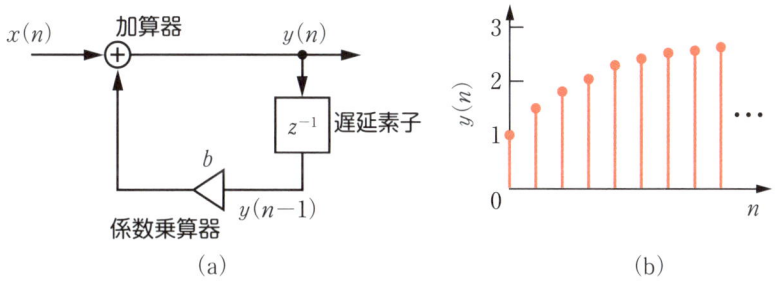

図1・9■ディジタルフィルタ

　一例を示したにすぎませんが，任意のアナログフィルタやアナログ回路と等価な処理がディジタル信号処理で可能となります．多くの分野で，これまでアナログ回路やアナログフィルタに頼っていた処理がディジタル信号処理に移り変わってきています．

現代社会，ディジタルを重視しているような感じがしましたが，その理由がちょっとわかったような気がします．でも，電気回路で学んだ抵抗，キャパシタ，インダクタを使ってフィルタを構成するほうがわかりやすいような気がしますけど……．

そうだね．一見，ディジタルフィルタやディジタル回路のほうが複雑そうに思えるかな．でも，ディジタルフィルタにはアナログフィルタにない優れた特徴があるよ．きみはアナログフィルタ・回路の設計ができるようだが，大規模なアナログ回路の設計は難しく熟練を要するものだ．また，アナログ素子にはばらつきが付きもので，雑音や温度変化などの外部からの影響にも弱い．価格や大きさの面からもディジタルの方が優れているよ．現代は，ディジタルの時代なんだ！

1-4 ディジタル信号処理固有の処理

キーポイント

> ディジタル信号処理は計算機上でプログラムによって実現することも可能なので，アナログ信号処理（アナログ回路による処理）よりも柔軟でいろいろなことができそうだと思われます．ディジタル信号処理固有のとても役立つ処理について例をみてみましょう．

たとえば，1-3 節で示したアナログフィルタとディジタルフィルタにおいて，アナログフィルタの場合は抵抗とキャパシタの値が決定するとフィルタ特性が固定化されてしまいます．一方，ディジタルフィルタでは，たとえば，コンピュータ上で図 1·9 のフィルタを実行しようとしたとき，係数 b の変更はプログラムの書換えによって容易に実現されます．このことから**ディジタルフィルタは柔軟性に優れている**ことがわかります．また，1-1 節の画像処理例に示したメジアンフィルタは，フィルタ処理に用いる信号を昇順に並べ替えて中央の値（**中央値，メジアン**）を選択するフィルタで，**アナログフィルタでは実現できません**．ディジタル信号処理しか実現できない処理がありそうですね．ここでは，ディジタル信号処理固有の有益な処理について説明しましょう．

1　適応信号処理

ディジタル信号処理により柔軟で知的な処理が実現できます．たとえば，周囲の環境や対象となる信号の性質，さらには，それらの時間的な変動に応じて処理方法を変化させることが可能です．その実現技術の一つが**適応信号処理**です．適応信号処理では，係数が可変なフィルタを用意して，そのフィルタ出力が目標とする信号に近づくように（目標とする信号との誤差をなくすように），係数を繰り返し更新していきます．適応フィルタの基本的な構成図を**図 1·10** に示します．1-1 節で紹介した適応ノイズキャンセラは適応フィルタの一例ですが，携帯電話，通信機器，ディジタルカメラ，医用機器などに適応フィルタは普通に使われています．

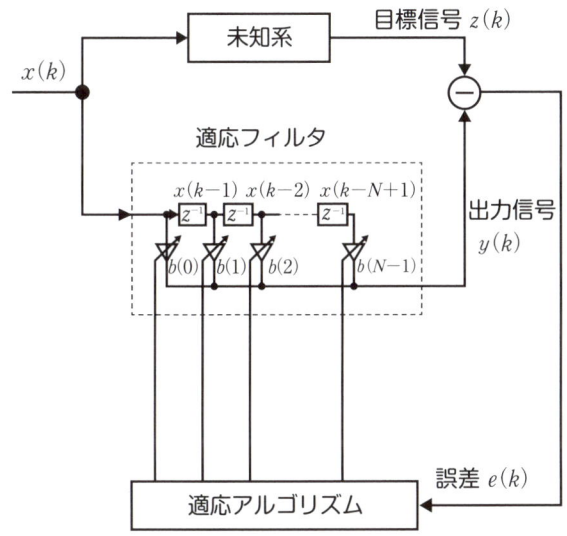

図1・10 ■ 適応フィルタ構成図

2 非線形フィルタ

　ディジタル信号では信号が数列と見なされるため，アナログ信号処理では不可能な並替え（ソーティング）を利用した処理が可能となります．順序統計フィルタはフィルタに用いる信号を昇順に並べ替えて，そのランクに対して係数値を定義したフィルタです．最大値のデータに対する係数を1にして，ほかの係数を0とすれば，最大値フィルタが実現できます．最小値フィルタ，メジアンフィルタも順序統計フィルタの枠組みで容易に実現できることがわかるでしょう．

　メジアンフィルタは1-1節でみたように，インパルス雑音を除去できるフィルタです．その原理を図1・11に示します．突発的な変化信号のインパルス雑音はフィルタ窓内において最大値側または最小値側に並べ替えられます．よって，メジアンはインパルス雑音の可能性が最も低い安全な信号といえます．同じように考えると，メジアンフィルタはステップ信号を保存することができます．画像のエッジにあたる部分は，このステップ信号的形状をもつことから，メジアンフィルタ出力は画像の鮮明さを保つことも知られています．

　最大値フィルタと最小値フィルタを組み合わせた処理で実現できる非線形フィ

補足 ⇒ 「ステップ信号」とは1段階の階段状の信号のことです．

ルタに**モルフォロジーフィルタ**があります．モルフォロジーフィルタは文字などのパターン画像の収縮・膨張や濃淡画像のエッジ検出，フィルタ処理などに利用される有益な非線形フィルタです．

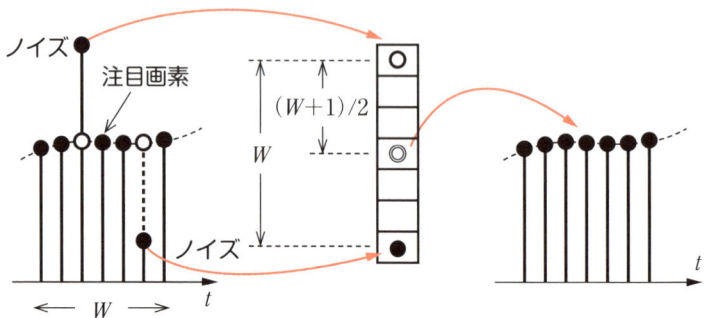

図 1・11 ■メジアンフィルタ処理

まとめ

ディジタル信号処理を学ぶための準備として，次のことを学びました．
- 信号処理技術の我々の生活への貢献の大きさ
- ディジタル信号とはどんな形態の信号なのか
- ディジタル信号処理でアナログ信号処理が模擬できること
- ディジタル信号処理でしか実現できない信号処理があること

このような事実を踏まえて2章以降の具体的な内容を，興味をもって学んでください．

補足➡「モルフォロジーフィルタ」：molphology filter

2章

フーリエ解析

任意の信号は周波数の異なる正弦波（三角関数）の足し合わせで表現することができます．

周期をもつ周期信号に対しては，正弦波の無限級数で表現でき，その表現をフーリエ級数展開といいます．各正弦波がどの程度含まれるかを調べる方法を学びます．また，正弦波の代わりに複素正弦波を用いる複素フーリエ級数展開を導入します．

周期をもたない信号に対しては，複素正弦波の積分の形で表現ができることを示します．その表現方法をフーリエ逆変換といい，複素正弦波がどの程度含まれているかを分析する方法をフーリエ変換といいます．それらの変換方法を学びます．

2-1 周期信号と正弦波信号

2-2 フーリエ級数

2-3 複素フーリエ級数

2-4 いろいろな周期信号を複素フーリエ級数展開してみよう

2-5 フーリエ変換

2-6 いろいろな信号をフーリエ変換してみよう

2-1 周期信号と正弦波信号

- フーリエ級数展開を行う対象となる周期信号を定義します．
- フーリエ級数展開で用いる正弦波および複素正弦波を導入します．それらの信号の周期，周波数および角周波数の概念について理解しましょう．

1 周期信号とは

同じ波形が繰り返し現れる信号を**周期信号**と呼びます．繰り返し現れる波形の時間幅をその信号の**周期**といいます．周期が T の周期信号を $x(t)$ とすると

$$x(t+T)=x(t) \tag{2・1}$$

の関係式が成り立ちます．ただし，T は正の実数です．この関係式は，信号 $x(t)$ を時間 T だけずらしたとき，信号 $x(t)$ の波形が一致することを示しています．つまり，時間幅 T の波形が繰り返し現れることを意味しています．

周期が T のとき，その正の整数倍も周期となります．たとえば，$x(t+4T)=x(t)$ が成り立つため，$4T$ も周期になります．そこで，式 (2・1) を満たす T の最小値を周期として定義します[補足]．

周期信号の例を**図 2・1** に示します．この例では，周期が $T=2$ になっていることがわかります．一つの周期の区間を $-1 \leqq t<1$ に選ぶと，この区間の信号は

$$x(t)=\begin{cases} 2t+1 & (-1 \leqq t<0) \\ -2t+1 & (0 \leqq t<1) \end{cases} \tag{2・2}$$

と表現することができます．この信号は，**波形が三角形になっているので，三角波**と呼ばれています．

2 正弦波信号

時間 t の三角関数のうち，正弦関数 $\sin t$ と余弦関数 $\cos t$ をそれぞれ**正弦波信号**と**余弦波信号**と呼びます．これらの信号は，$\sin(t+2\pi n)=\sin t$ および $\cos(t+2\pi n)=\cos t$ （n は整数）が成り立つため，周期 2π の周期信号です．

周期 T をもつ正弦波信号と余弦波信号は，次式のように記述できます．

$$\text{正弦波信号}：x(t)=A\sin\left(\frac{2\pi}{T}t+\phi\right) \tag{2・3}$$

補足➡基本周期と呼ぶこともあります．

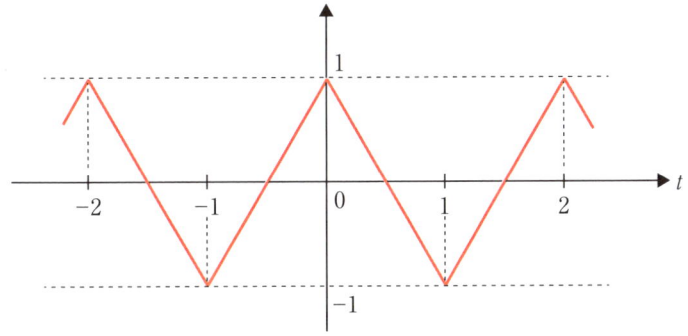

図2・1■周期信号の例

$$\text{余弦波信号}: x(t) = A\cos\left(\frac{2\pi}{T}t + \phi\right) \tag{2・4}$$

ここで，A を振幅，ϕ を位相といいます[補足]．

正弦波信号と余弦波信号は波形は同じで位相が $\pi/2$ だけ異なっています． たとえば，余弦波信号は正弦波信号を使って表現することができます．

$$\cos\left(\frac{2\pi}{T}t + \phi\right) = \sin\left(\frac{2\pi}{T}t + \phi + \frac{\pi}{2}\right) \tag{2・5}$$

よって，両信号を区別することなく，正弦波信号と呼ぶ場合があります．

正弦波信号の周期 T の逆数 $1/T$ を周波数と呼び，f で表します．すなわち，$f=1/T$ となります．周波数とは，単位時間において，同じ波形が繰り返す回数を表しています．その単位には，Hz を使います．

また，周波数の 2π 倍の **$2\pi f$ を角周波数**と呼び，ω で表します．すなわち，$\omega = 2\pi f = 2\pi/T$ の関係が成り立ちます．**角周波数は，単位時間における角度の変化量を表しています．** その単位には，rad/s を使います．

周波数 f および角周波数 ω を使って，振幅が A である周期 T の正弦波信号は次式のように記述できます．

$$\text{周波数 } f \text{ の正弦波信号}: x(t) = A\sin(2\pi ft + \phi) \quad (f = 1/T) \tag{2・6}$$
$$\text{角周波数 } \omega \text{ の正弦波信号}: x(t) = A\sin(\omega t + \phi) \quad (\omega = 2\pi/T) \tag{2・7}$$

図2・2 に角周波数 ω が異なる正弦波信号の例を示します．角周波数が大きくなると，周期が短くなるため，変動の激しい波形になることがわかります．

補足⇒ $\left(\frac{2\pi}{T}t + \phi\right)$ を位相と呼ぶこともあります．

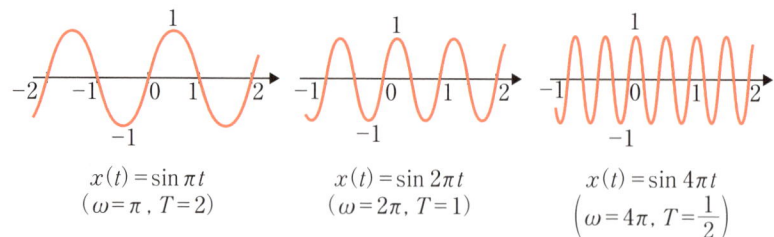

図2・2■角周波数の異なる正弦波信号の例

例題 1

次の正弦波信号の振幅 A，周波数 f，角周波数 ω および周期 T を求めなさい．
$$x(t)=2\sin 10\pi t$$

解答 信号 $x(t)$ と式(2・7)を比べると，振幅が $A=2$，角周波数が $\omega=10\pi$ であることがわかります．角周波数がわかれば，周波数は $f=\omega/(2\pi)=5$，周期は $T=1/f=1/5$ と計算できます．

3 複素正弦波信号

角度 θ に対する正弦と余弦との間には，以下の**オイラーの公式**が成り立ちます．

$$e^{j\theta}=\cos\theta+j\sin\theta \tag{2・8}$$

ここに，e は自然対数の底（ネイピア数），j は虚数単位です．

角度 θ が角周波数 ω で時間変化すると，オイラーの公式は

$$e^{j\omega t}=\cos\omega t+j\sin\omega t \tag{2・9}$$

と表せます．この信号を**複素正弦波信号**と呼びます．複素正弦波信号の値は複素数であり，実部が余弦波信号，虚部が正弦波信号になっています．**図2・3**に示すように，**複素正弦波信号は，複素平面上の単位円上を角速度 ω で移動する点を表しています．**

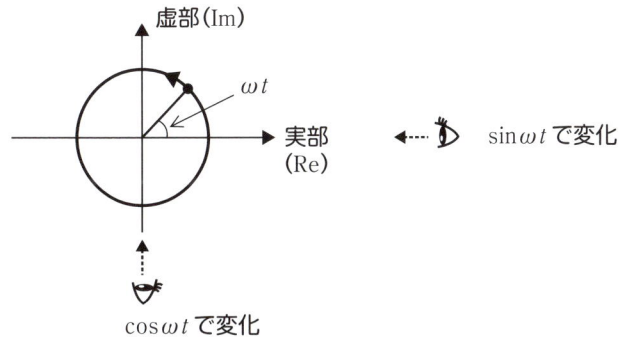

図 2・3 複素正弦波信号

　複素正弦波信号は，周期が $T=2\pi/\omega$ の周期信号になっています．なぜなら，実部と虚部の各正弦波信号の周期が $T=2\pi/\omega$ であるので，その和も同じ周期となるからです．

　このことは，次のように確かめることもできます．

$$x(t+T) = e^{j\omega(t+T)} = e^{j\omega t} \cdot e^{j\omega T}$$
$$= e^{j\omega t} \cdot e^{j2\pi} = e^{j\omega t} \cdot 1 = x(t) \qquad (2\cdot 10)$$

（$e^{j2\pi}=1$）

2-2 フーリエ級数

キーポイント

- 角周波数が異なる正弦波信号の足し合わせをフーリエ級数といいます．フーリエ級数によりさまざまな周期信号をつくることができます．
- ある周期信号が与えられたとき，そのフーリエ級数の各正弦波の大きさ（フーリエ係数）を求めることができます．

正弦波信号が周期信号の"要素"であり，フーリエ係数がその"成分"であると考えてよい．

1 周波数の異なる正弦波信号を足し合わせると

さまざまな角周波数をもつ正弦波信号を足し合わせると，どのような信号になるかをみてみましょう．

一例として，角周波数が $\pi, 3\pi, 5\pi, \ldots$ のように π の奇数倍である正弦波信号（ここでは余弦波信号）を無限に足し合わせた信号

$$x(t) = \frac{1}{\pi^2}\cos \pi t + \frac{1}{(3\pi)^2}\cos 3\pi t + \frac{1}{(5\pi)^2}\cos 5\pi t + \cdots \tag{2・11}$$

を考えてみます．各正弦波信号の振幅は，その角周波数の2乗の逆数にしています．

第 N 項までの正弦波信号を足し合わせた信号を $x_N(t)$ と表すと，この信号は

$$x_N(t) = \sum_{n=1}^{N} \frac{1}{(2n-1)^2\pi^2}\cos(2n-1)\pi t \tag{2・12}$$

と記述することができます．N を無限にしたとき，$x_N(t)$ は $x(t)$ になります．

$x_N(t)$ は N によらず周期が2となります．

$$\begin{aligned}
x_N(t+2) &= \sum_{n=1}^{N} \frac{1}{(2n-1)^2\pi^2}\cos\{(2n-1)\pi(t+2)\} \\
&= \sum_{n=1}^{N} \frac{1}{(2n-1)^2\pi^2}\cos\{(2n-1)\pi t + (2n-1)\cdot 2\pi\} \\
&= \sum_{n=1}^{N} \frac{1}{(2n-1)^2\pi^2}\cos(2n-1)\pi t = x_N(t)
\end{aligned} \tag{2・13}$$

したがって，$x(t)$ も周期2の周期信号になります．

N を増加させたときの信号 $x_N(t)$ の波形を**図 2・4** に示します．N が大きくなるにつれて，波形が三角波に近づいていく様子がわかります．実は，この波形は，

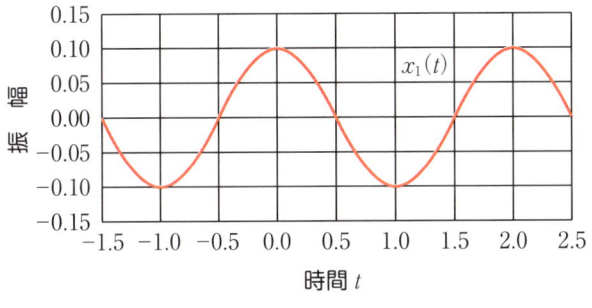
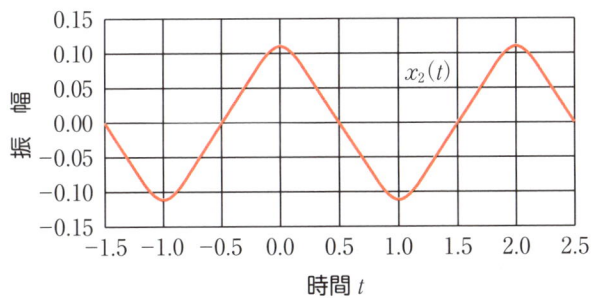
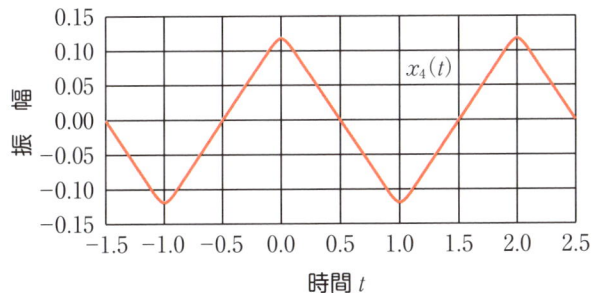
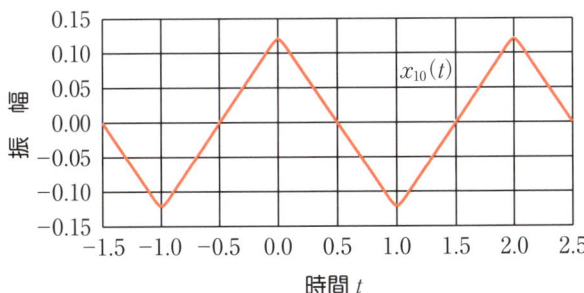

図2・4 ■ 正弦波信号の足し合わせによる信号の変化

大きさを 8 倍すれば，図 2・1 に示した周期信号と同じになります．つまり，**角周波数が $\pi, 3\pi, 5\pi, \ldots$ である正弦波信号を足し合わせることによって，三角波をつくり出すことができます**．

2 周期信号は正弦波信号の足し合わせで表現できる

前の例では，正弦波信号を足し合わせることによって，三角波をつくり出せることをみました．逆に考えてみると，このことは，**三角波を正弦波信号の足し合わせで表現できる**ことを示しています．

任意の周期信号に対しても同じことが成り立つことが知られています．周期 T の任意の周期信号 $x(t)$ は

$$x(t) = c_0 + \sum_{k=1}^{\infty} a_k \cos k\omega_0 t + \sum_{k=1}^{\infty} b_k \sin k\omega_0 t \tag{2・14}$$

と表すことができます[補足1]．ここに，$\omega_0 = 2\pi/T$ であり，基本角周波数と呼びます．

式 (2・14) の右辺の表現を**フーリエ級数**と呼び，周期信号をフーリエ級数で表現することを周期信号の**フーリエ級数展開**といいます．

c_0，a_k および b_k を**フーリエ係数**と呼びます．c_0 は，振幅が 1 である直流信号[補足2]の大きさを表しています．a_k と b_k は，角周波数が $k\omega_0$ の正弦波信号と余弦波信号の振幅を表しています．

ところで，フーリエ級数も周期が T の周期信号でなくてはなりません．このことは次のように確かめることができます．

$$c_0 + \sum_{k=1}^{\infty} a_k \cos k\omega_0 (t+T) + \sum_{k=1}^{\infty} b_k \sin k\omega_0 (t+T)$$

$$= c_0 + \sum_{k=1}^{\infty} a_k \cos (k\omega_0 t + 2k\pi) + \sum_{k=1}^{\infty} b_k \sin (k\omega_0 t + 2k\pi)$$

$$= c_0 + \sum_{k=1}^{\infty} a_k \cos k\omega_0 t + \sum_{k=1}^{\infty} b_k \sin k\omega_0 t \tag{2・15}$$

（$\omega_0 T = 2\pi$）

3 フーリエ係数を積分で求める

式 (2・14) の右辺のフーリエ係数を変化させれば，左辺の $x(t)$ の波形が変化します．ただし，波形は変化しても，周期 T は一定であることに注意してください．

補足1 ➡ 一部の特殊な信号を除けば，数学的に正しいことが証明されています．
補足2 ➡ 振幅が 1 の直流信号は，角周波数が 0 の余弦波信号で表すことができます．なぜなら，$\cos(0 \cdot t) = 1$ となるからです．よって，式 (2・14) の右辺は，直流信号を含めて正弦波信号の和になっていることがわかります．

それでは，$x(t)$ が与えられたとき，右辺のフーリエ係数はどのように求めればよいでしょうか．つまり，任意の周期信号 $x(t)$ をフーリエ級数展開する方法を考えていきましょう．

　前の例では，図 2・1 の三角波をフーリエ級数展開したとき，そのフーリエ係数が

$$\left.\begin{array}{l} c_0=0 \\ a_1=\dfrac{8}{\pi^2},\ a_2=0,\ a_3=\dfrac{8}{(3\pi)^2},\ a_4=0,\ a_5=\dfrac{8}{(5\pi)^2},\ a_6=0,\ \ldots \\ b_k=0 \quad (k=1,\ 2,\ \ldots) \end{array}\right\} \quad (2\cdot16)$$

である場合を示していたことになります．三角波が与えられたとき，これらの係数をどのように求めればよいでしょうか．

　この疑問に対する答えを先に示しましょう．フーリエ係数は，次の積分によって求めることができます．

$$c_0=\frac{1}{T}\int_{-T/2}^{T/2} x(t)\,dt \tag{2·17}$$

$$a_k=\frac{2}{T}\int_{-T/2}^{T/2} x(t)\cos k\omega_0 t\,dt \quad (k=1,\ 2,\ \ldots) \tag{2·18}$$

$$b_k=\frac{2}{T}\int_{-T/2}^{T/2} x(t)\sin k\omega_0 t\,dt \quad (k=1,\ 2,\ \ldots) \tag{2·19}$$

　積分の範囲は $-T/2$ から $T/2$ としていますが，積分区間が T であれば，どの範囲でも結果は変わりません[補足]．なぜなら，$x(t)$ と正弦波信号がともに周期 T の周期信号であるからです．

例題 2

式 (2・17) を示しなさい．

解答　式 (2・17) の右辺の $x(t)$ に，そのフーリエ級数〔式 (2・14) の右辺〕を代入して計算します．

$$\begin{aligned}\frac{1}{T}\int_{-T/2}^{T/2} x(t)\,dt &= \frac{1}{T}\int_{-T/2}^{T/2}\left(c_0+\sum_{k=1}^{\infty} a_k\cos k\omega_0 t+\sum_{k=1}^{\infty} b_k\sin k\omega_0 t\right)dt \\ &= \frac{1}{T}\int_{-T/2}^{T/2} c_0\,dt+\frac{1}{T}\sum_{k=1}^{\infty} a_k\int_{-T/2}^{T/2}\cos k\omega_0 t\,dt \\ &\quad +\frac{1}{T}\sum_{k=1}^{\infty} b_k\int_{-T/2}^{T/2}\sin k\omega_0 t\,dt \end{aligned}$$

補足⇒積分の範囲を上手く選べば，計算が簡単となることがあります．

$$= c_0 \quad (2\cdot20)$$

この結果，式 (2·17) が成り立つことが示されました．

この計算では，信号を1周期の区間 T で積分し，それを周期 T で割り算しているので，信号の平均値を求めていることになります．フーリエ級数のうち，正弦波信号は，その平均値が零になるため，c_0 だけが残り，その値を計算できるわけです．

例題 3

式 (2·18) を示しなさい．

解答 前の例題と同様に計算します．式 (2·18) の右辺の $x(t)$ に，そのフーリエ級数〔式 (2·14) の右辺〕を代入します．ただし，フーリエ級数に用いる添え字 k を l で記述しておきます．求めたいフーリエ係数の番号 k と区別するためです．

$$\frac{2}{T}\int_{-T/2}^{T/2} x(t)\cos k\omega_0 t\, dt$$

$$= \frac{2}{T}\int_{-T/2}^{T/2}\left(c_0 + \sum_{l=1}^{\infty} a_l \cos l\omega_0 t + \sum_{l=1}^{\infty} b_l \sin l\omega_0 t\right)\cos k\omega_0 t\, dt$$

$$= \frac{2}{T} c_0 \int_{-T/2}^{T/2}\cos k\omega_0 t\, dt + \frac{2}{T}\sum_{l=1}^{\infty} a_l \int_{-T/2}^{T/2}\cos l\omega_0 t \cos k\omega_0 t\, dt$$

$$+ \frac{2}{T}\sum_{l=1}^{\infty} b_l \int_{-T/2}^{T/2}\sin l\omega_0 t \cos k\omega_0 t\, dt \quad (2\cdot21)$$

第1項は，零になります．なぜなら，前述のように，$\cos k\omega_0 T$ の平均値が零だからです．第2項の中の積分は，次式のように計算できます． 〔三角関数の積和公式を使う〕

$$\int_{-T/2}^{T/2}\cos l\omega_0 t \cos k\omega_0 t\, dt = \int_{-T/2}^{T/2}\frac{1}{2}\{\cos(l+k)\omega_0 t + \cos(l-k)\omega_0 t\}\, dt$$

$$= \frac{1}{2}\int_{-T/2}^{T/2}\cos(l+k)\omega_0 t\, dt + \frac{1}{2}\int_{-T/2}^{T/2}\cos(l-k)\omega_0 t\, dt$$

$$= \begin{cases} \dfrac{T}{2} & (l=k) \\ 0 & (l\neq k) \end{cases} \quad (2\cdot22)$$

したがって，第2項は

補足➡三角関数の積和公式 $\cos\theta\cos\psi = \dfrac{1}{2}\{\cos(\theta+\psi)+\cos(\theta-\psi)\}$

$$\frac{2}{T}a_k\frac{T}{2}=a_k \tag{2·23}$$

となります．第2項には，積分が無限個ありますが，$l=k$ のときだけ，その値が $T/2$ となり，ほかはすべて零になります．したがって，k 番目のフーリエ係数 a_k だけが残ります．第3項の中の積分は，次式のように計算できます．

> 三角関数の積和公式を使う

$$\begin{aligned}\int_{-T/2}^{T/2}\sin l\omega_0 t\cos k\omega_0 t\,dt &= \int_{-T/2}^{T/2}\frac{1}{2}\{\sin(l+k)\omega_0 t+\sin(l-k)\omega_0 t\}\,dt\\ &=\frac{1}{2}\int_{-T/2}^{T/2}\sin(l+k)\omega_0 t\,dt+\frac{1}{2}\int_{-T/2}^{T/2}\sin(l-k)\omega_0 t\,dt\\ &=0 \tag{2·24}\end{aligned}$$

したがって，第3項は零となります．以上により，式 (2·18) が成り立つことがわかりました．

例題 4

式 (2·19) を示しなさい．

解答 同様に，式 (2·19) の右辺の $x(t)$ に，そのフーリエ級数〔式 (2·14) の右辺〕を代入します．ここでも，フーリエ級数に用いる添え字 k を l で記述しておきます．

$$\begin{aligned}\frac{2}{T}\int_{-T/2}^{T/2}&x(t)\sin k\omega_0 t\,dt\\ &=\frac{2}{T}\int_{-T/2}^{T/2}\left(c_0+\sum_{l=1}^{\infty}a_l\cos l\omega_0 t+\sum_{l=1}^{\infty}b_l\sin l\omega_0 t\right)\sin k\omega_0 t\,dt\\ &=\frac{2}{T}c_0\int_{-T/2}^{T/2}\sin k\omega_0 t\,dt+\frac{2}{T}\sum_{l=1}^{\infty}a_l\int_{-T/2}^{T/2}\cos l\omega_0 t\sin k\omega_0 t\,dt\\ &\quad +\frac{2}{T}\sum_{l=1}^{\infty}b_l\int_{-T/2}^{T/2}\sin l\omega_0 t\sin k\omega_0 t\,dt \tag{2·25}\end{aligned}$$

第1項は零になります．第2項は，式 (2·24) と同じですので，零になります．第3項の中の積分は，次のように計算できます．

$$\begin{aligned}\int_{-T/2}^{T/2}\sin l\omega_0 t\sin k\omega_0 t\,dt &= \int_{-T/2}^{T/2}\frac{1}{2}\{-\cos(l+k)\omega_0 t+\cos(l-k)\omega_0 t\}\,dt\\ &=-\frac{1}{2}\int_{-T/2}^{T/2}\cos(l+k)\omega_0 t\,dt+\frac{1}{2}\int_{-T/2}^{T/2}\cos(l-k)\omega_0 t\,dt\end{aligned}$$

$\sin\theta\cos\psi=\frac{1}{2}\{\sin(\theta+\psi)+\sin(\theta-\psi)\}$
$\sin\theta\sin\psi=\frac{1}{2}\{-\cos(\theta+\psi)+\cos(\theta-\psi)\}$

$$= \begin{cases} \dfrac{T}{2} & (l=k) \\ 0 & (l \neq k) \end{cases} \quad (2\cdot 26)$$

よって，第3項は，b_k となります．したがって，式 (2·19) が成り立つことが示されました．

フーリエ係数を求める方法が明らかになったので，実際にこの方法を使ってみましょう．

例題 5

図 2·1 に示した三角波の周期信号 $x(t)$ をフーリエ級数展開しなさい．

解答 信号 $x(t)$ の周期は $T=2$ なので，基本角周波数は $\omega_0 = \pi$ となります．これをまず計算しておきます．

係数 c_0 は，信号 $x(t)$ の平均値でした．三角波 $x(t)$ の波形をみれば，式 (2·17) を計算しなくても，零となることがわかります．したがって，$c_0 = 0$ を得ます．

係数 a_k は次のように計算できます．

$$\begin{aligned} a_k &= \frac{2}{2}\int_{-1}^{0}(2t+1)\cos k\pi t\, dt + \frac{2}{2}\int_{0}^{1}(-2t+1)\cos k\pi t\, dt \\ &= 2\int_{-1}^{0} t\cos k\pi t\, dt + \int_{-1}^{0}\cos k\pi t\, dt - 2\int_{0}^{1} t\cos k\pi t\, dt + \int_{0}^{1}\cos k\pi t\, dt \end{aligned}$$
(2·27)

第1項は，部分積分を使って

$$\begin{aligned} 2\int_{-1}^{0} t\cos k\pi t\, dt &= \frac{2}{k\pi}\left([t\sin k\pi t]_{-1}^{0} - \int_{-1}^{0}\sin k\pi t\, dt\right) \\ &= 2\frac{1-\cos(-k\pi)}{(k\pi)^2} = 2\frac{1-(-1)^k}{(k\pi)^2} \\ &= \begin{cases} 0 & (k:偶数) \\ 4/(k\pi)^2 & (k:奇数) \end{cases} \end{aligned}$$
(2·28)

> $\cos(-k\pi)=(-1)^k$

となります．第3項も同様に計算すると

$$-2\int_{0}^{1} t\cos k\pi t\, dt = \begin{cases} 0 & (k:偶数) \\ 4/(k\pi)^2 & (k:奇数) \end{cases} \quad (2\cdot 29)$$

となります．残りの第2項と第4項は次のように零になります．

$$\int_{-1}^{0} \cos k\pi t \, dt = \frac{1}{k\pi}[\sin k\pi t]_{-1}^{0} = 0 \tag{2·30}$$

$$\int_{0}^{1} \cos k\pi t \, dt = \frac{1}{k\pi}[\sin k\pi t]_{0}^{1} = 0 \tag{2·31}$$

したがって

$$a_k = \begin{cases} 0 & (k:偶数) \\ 8/(k\pi)^2 & (k:奇数) \end{cases} \tag{2·32}$$

を得ます．

係数 b_k は次のように計算できます．

$$b_k = \frac{2}{2}\int_{-1}^{0}(2t+1)\sin k\pi t \, dt + \frac{2}{2}\int_{0}^{1}(-2t+1)\sin k\pi t \, dt$$

$$= 2\int_{-1}^{0} t\sin k\pi t \, dt + \int_{-1}^{0}\sin k\pi t \, dt - 2\int_{0}^{1} t\sin k\pi t \, dt + \int_{0}^{1}\sin k\pi t \, dt \tag{2·33}$$

第 1 項は，部分積分を使って，次のように計算できます．

$$2\int_{-1}^{0} t\sin k\pi t \, dt = \frac{2}{k\pi}\left([-t\cos k\pi t]_{-1}^{0} + \int_{-1}^{0}\cos k\pi t \, dt\right)$$

$$= \frac{2}{k\pi}\left\{-(-1)^k + \frac{1}{k\pi}[\sin k\pi t]_{-1}^{0}\right\} = -2\frac{(-1)^k}{k\pi} \tag{2·34}$$

第 3 項も同様に次のように計算できます．

$$-2\int_{0}^{1} t\sin k\pi t \, dt = 2\frac{(-1)^k}{k\pi} \tag{2·35}$$

第 2 項と第 4 項は，それらの和が零になることがわかります．

$$\int_{-1}^{0}\sin k\pi t \, dt + \int_{0}^{1}\sin k\pi t \, dt = \int_{-1}^{1}\sin k\pi t \, dt = 0 \tag{2·36}$$

したがって，$b_k = 0$ となります．

以上の結果をまとめると

$$\left.\begin{array}{l} c_0 = 0 \\ a_1 = \dfrac{8}{\pi^2}, \quad a_2 = 0, \quad a_3 = \dfrac{8}{(3\pi)^2}, \quad a_4 = 0, \quad a_5 = \dfrac{8}{(5\pi)^2}, \quad a_6 = 0, \ldots \\ b_k = 0 \quad (k=1, 2, \ldots) \end{array}\right\} \tag{2·37}$$

となり，前の例と同じ結果を得ることができたことがわかります．よって，以上の結果を使って，三角波 $x(t)$ のフーリエ級数展開は

$$x(t) = \sum_{n=1}^{\infty} \frac{8}{(2n-1)^2 \pi^2} \cos(2n-1)\pi t \tag{2·38}$$

と記述できることがわかります．

この例題では，$b_k=0$ になったのは偶然ではありません．あえて計算を行いましたが，計算をしなくても，零になることがわかります．それは，**信号の偶関数と奇関数の性質を利用した計算方法**です．

　信号が偶関数，すなわち $x(-t)=x(t)$ が成り立つときは，フーリエ係数は

$$c_0 = 2 \times \frac{1}{T} \int_0^{T/2} x(t) \, dt \tag{2·39}$$

$$a_k = 2 \times \frac{2}{T} \int_0^{T/2} x(t) \cos k\omega_0 t \, dt \tag{2·40}$$

$$b_k = 0 \tag{2·41}$$

となります．

　一方，信号が奇関数，すなわち $x(-t)=-x(t)$ が成り立つときは，フーリエ係数は

$$c_0 = a_k = 0 \tag{2·42}$$

$$b_k = 2 \times \frac{2}{T} \int_0^{T/2} x(t) \sin k\omega_0 t \, dt \tag{2·43}$$

となります．

　積分の範囲が半分になり，その結果を2倍しているところに注意しましょう．この計算方法を使えば，a_k または b_k の一つだけを計算すればよいので，計算の手間が省けます．さらに，積分区間の一方に零があるため，多くの場合，計算がより簡単になります．例題5では，三角波 $x(t)$ が偶関数なので，b_k は計算しなくても零とわかります．

2-3 複素フーリエ級数

キーポイント

- 正弦波の代わりに複素正弦波を使ったフーリエ級数である複素フーリエ級数を導入します．
- 複素正弦波を使うと計算が容易になる利点があります．
- 複素フーリエ級数で成り立つ重要な性質について学びます．

> 周期信号の"要素"に複素正弦波を選ぶ．

1 複素正弦波信号の足し合わせで周期信号を表現しよう．

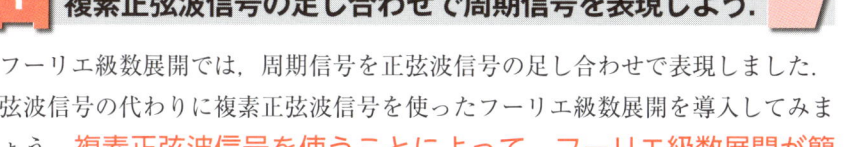

フーリエ級数展開では，周期信号を正弦波信号の足し合わせで表現しました．正弦波信号の代わりに複素正弦波信号を使ったフーリエ級数展開を導入してみましょう．**複素正弦波信号を使うことによって，フーリエ級数展開が簡素に表現できたり，フーリエ係数の計算が容易になったりする利点があります．**

周期 T の周期信号 $x(t)$ のフーリエ級数展開

$$x(t) = c_0 + \sum_{k=1}^{\infty} a_k \cos k\omega_0 t + \sum_{k=1}^{\infty} b_k \sin k\omega_0 t \tag{2・44}$$

の右辺を変形していきます．

余弦波信号 $\cos k\omega_0 t$ と正弦波信号 $\sin k\omega_0 t$ は，オイラーの公式を使うと

$$\cos k\omega_0 t = \frac{e^{jk\omega_0 t} + e^{-jk\omega_0 t}}{2} \tag{2・45}$$

$$\sin k\omega_0 t = \frac{e^{jk\omega_0 t} - e^{-jk\omega_0 t}}{2j} \tag{2・46}$$

と表すことができます．これらを式(2・44)の右辺に代入すると

$$x(t) = c_0 + \sum_{k=1}^{\infty} \frac{1}{2}(a_k - jb_k) e^{jk\omega_0 t} + \sum_{k=1}^{\infty} \frac{1}{2}(a_k + jb_k) e^{-jk\omega_0 t} \tag{2・47}$$

を得ます．

ここで，$k = 1, 2, \ldots$ に対して

$$c_k = \frac{1}{2}(a_k - jb_k) \tag{2・48}$$

$$c_{-k} = \frac{1}{2}(a_k + jb_k) \tag{2・49}$$

と定義した新しい係数 c_k を導入します．c_0 を含めて，この c_k を用いると，式

(2·47) を

$$x(t) = c_0 + \sum_{k=1}^{\infty} c_k e^{jk\omega_0 t} + \sum_{k=1}^{\infty} c_{-k} e^{-jk\omega_0 t}$$

$$= c_0 e^{j \cdot 0 \cdot \omega_0 t} + \sum_{k=1}^{\infty} c_k e^{jk\omega_0 t} + \sum_{k=-\infty}^{-1} c_k e^{jk\omega_0 t}$$

$$= \sum_{k=-\infty}^{\infty} c_k e^{jk\omega_0 t} \tag{2·50}$$

> $e^{jk\omega_0 t}$ が要素，c_k が成分と考えてよい．

と記述することができます．式 (2·50) の右辺を**複素フーリエ級数**と呼び，c_k を**複素フーリエ係数**と呼びます．周期信号を複素フーリエ級数で表すことを**周期信号の複素フーリエ級数展開**といいます．

複素正弦波信号を使うことによって，係数が一種類になり，フーリエ級数の式が簡素になったことがわかります．ただし，複素フーリエ係数 c_k が一般に複素数となること，k が $-\infty$ から ∞ まで変化することに注意が必要です．

複素フーリエ係数 c_k を求める式は，都合のよいことに，次式のように一つに統合できます．

$$c_k = \frac{1}{T} \int_{-T/2}^{T/2} x(t) e^{-jk\omega_0 t} \, dt \tag{2·51}$$

例題 6

式 (2·51) を示しなさい．

解答 $k=0$ のとき，式 (2·51) は

$$c_0 = \frac{1}{T} \int_{-T/2}^{T/2} x(t) e^{-j0\omega_0 t} \, dt = \frac{1}{T} \int_{-T/2}^{T/2} x(t) \, dt \tag{2·52}$$

となり，式 (2·17) と一致することがわかります．次に，$k>0$ のとき，式 (2·51) は

$$c_k = \frac{1}{T} \int_{-T/2}^{T/2} x(t) e^{-jk\omega_0 t} \, dt = \frac{1}{T} \int_{-T/2}^{T/2} x(t) (\cos k\omega_0 t - j \sin k\omega_0 t) \, dt$$

> オイラーの公式

$$= \frac{1}{T} \int_{-T/2}^{T/2} x(t) \cos k\omega_0 t \, dt - j \frac{1}{T} \int_{-T/2}^{T/2} x(t) \sin k\omega_0 t \, dt = \frac{1}{2}(a_k - jb_k) \tag{2·53}$$

> 式 (2·18)
> 式 (2·19)

となり，定義である式 (2·48) のとおりに計算されることがわかります．最後に，$k<0$ のときは，式 (2·51) は，$l=-k$ と置くと

$$c_k = c_{-l} = \frac{1}{T} \int_{-T/2}^{T/2} x(t) e^{jl\omega_0 t} \, dt = \frac{1}{T} \int_{-T/2}^{T/2} x(t) (\cos l\omega_0 t + j \sin l\omega_0 t) \, dt$$

> オイラーの公式

$$= \frac{1}{T}\int_{-T/2}^{T/2} x(t)\cos l\omega_0 t\, dt + j\frac{1}{T}\int_{-T/2}^{T/2} x(t)\sin l\omega_0 t\, dt = \frac{1}{2}(a_l + jb_l) \quad (2\cdot54)$$

式(2·18) 式(2·19)

となります．この場合も定義である式(2·49)のとおりに計算されることがわかります．以上により，式(2·51)によって，すべての c_k を計算できることが確かめられました．

周期信号 $x(t)$ とその複素フーリエ係数 c_k は一対一の関係にあります．その関係を $x(t) \longleftrightarrow c_k$ と記述することにします．

2 振幅スペクトルと位相スペクトル

前に述べたように，複素フーリエ係数 c_k は複素数となります．c_k の実部と虚部をそれぞれ $\mathrm{Re}(c_k)$ と $\mathrm{Im}(c_k)$ と表すと，c_k の絶対値 $|c_k|$ と偏角 $\mathrm{Arg}(c_k)$ は

$$|c_k| = \sqrt{\mathrm{Re}(c_k)^2 + \mathrm{Im}(c_k)^2} \quad (2\cdot55)$$

$$\mathrm{Arg}(c_k) = \tan^{-1}\left(\frac{\mathrm{Im}(c_k)}{\mathrm{Re}(c_k)}\right) \quad (2\cdot56)$$

と計算されます．これらを用いて c_k を表すと

$$c_k = |c_k| e^{j\mathrm{Arg}(c_k)} \quad (2\cdot57)$$

となります．絶対値 $|c_k|$ を振幅スペクトル，偏角 $\mathrm{Arg}(c_k)$ を位相スペクトルと呼びます．

これらを用いて周期信号 $x(t)$ を複素フーリエ級数展開すると

$$x(t) = \sum_{k=-\infty}^{\infty} |c_k| e^{j(k\omega_0 t + \mathrm{Arg}(c_k))} \quad (2\cdot58)$$

となります．この式は，各複素正弦波信号の振幅と位相を変化させて足し合わせることによって周期信号を表現できることを示しています．

例題 7

図 2·1 に示した三角波を複素フーリエ級数展開しなさい．また，振幅スペクトルと位相スペクトルを求めなさい．

解答　$T=2$ および $\omega_0 = \pi$ であることに注意して，c_k を式(2·51)に基づいて算出します．ただし，$k=0$ のときと，それ以外のときに分けて計算します．

$k=0$ のときは，計算しなくても，$c_0 = 0$ となることがわかります．前の例題で

述べたように，c_0 は信号の平均値を表しているからです．

$k \neq 0$ のときは，次のように計算できます．

$$\begin{aligned}
c_k &= \frac{1}{T}\int_{-T/2}^{T/2} x(t) e^{-jk\omega_0 t}\, dt \\
&= \frac{1}{2}\int_{-1}^{0} (2t+1) e^{-jk\pi t}\, dt + \frac{1}{2}\int_{0}^{1} (-2t+1) e^{-jk\pi t}\, dt \\
&= \frac{1}{-j2k\pi}\left\{ \left[(2t+1)e^{-jk\pi t}\right]_{-1}^{0} - 2\int_{-1}^{0} e^{-jk\pi t}\, dt \right\} \quad \text{部分積分を使う．}\\
&\quad + \frac{1}{-j2k\pi}\left\{ \left[(-2t+1)e^{-jk\pi t}\right]_{0}^{1} + 2\int_{0}^{1} e^{-jk\pi t}\, dt \right\} \\
&= \frac{1}{-j2k\pi}\left\{ 1 + e^{jk\pi} - \frac{2}{-jk\pi}\left[e^{-jk\pi t}\right]_{-1}^{0} \right\} \\
&\quad + \frac{1}{-j2k\pi}\left\{ -e^{-jk\pi} - 1 + \frac{2}{-jk\pi}\left[e^{-jk\pi t}\right]_{0}^{1} \right\} \\
&= \frac{1}{-2k\pi j}\left\{ \frac{2}{jk\pi}(1 - e^{jk\pi}) - \frac{2}{jk\pi}(e^{-jk\pi} - 1) \right\} \\
&= \frac{2}{(k\pi)^2}(1 - e^{jk\pi}) = \frac{2}{(k\pi)^2}(1 - (-1)^k) \quad e^{jk\pi}=(-1)^k \\
&= \begin{cases} 0 & (k: \text{零以外の偶数}) \\ 4/(k\pi)^2 & (k: \text{奇数}) \end{cases}
\end{aligned} \qquad (2\cdot 59)$$

まとめると，複素フーリエ係数は

$$c_k = \begin{cases} 0 & (k: \text{偶数}) \\ 4/(k\pi)^2 & (k: \text{奇数}) \end{cases} \qquad (2\cdot 60)$$

となります．この例では，複素フーリエ係数は実数となりました．

得られた複素フーリエ係数を使って，三角波 $x(t)$ を複素フーリエ級数展開すると

$$x(t) = \sum_{n=-\infty}^{\infty} \frac{4}{(2n-1)^2 \pi^2} e^{j(2n-1)\pi t} \qquad (2\cdot 61)$$

となります．

振幅スペクトルと位相スペクトルは次のようになります．

$$|c_k| = \begin{cases} 0 & (k: \text{偶数}) \\ 4/(k\pi)^2 & (k: \text{奇数}) \end{cases},\quad \mathrm{Arg}(c_k) = 0 \qquad (2\cdot 62)$$

図 2・5 に三角波とその振幅スペクトルを示します．

(a) 三角波　　　　　　　　(b) 振幅スペクトル

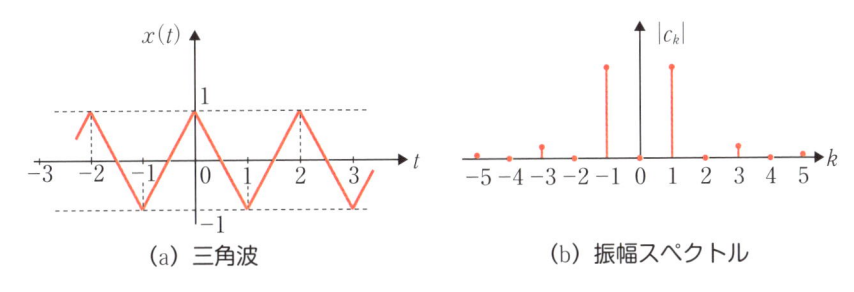

図 2・5 ■ 三角波とその複素フーリエ係数

3 複素フーリエ級数で成り立つ性質

複素フーリエ級数で成り立つ性質をいくつか紹介します．周期信号とその複素フーリエ係数は一対一の関係にあるため，周期信号に関する性質や演算を複素フーリエ係数の性質や演算で置き換えることができます．**これらの性質を利用すると複素フーリエ係数の計算が簡単になる**ことがあります．

以下では，同じ周期をもつ二つの周期信号 $x(t)$ と $y(t)$ の複素フーリエ係数をそれぞれ c_k と d_k とします．すなわち，$x(t) \longleftrightarrow c_k$ および $y(t) \longleftrightarrow d_k$ とします．

(1) 線形性

$$ax(t)+by(t) \longleftrightarrow ac_k+bd_k$$

$x(t)$ を a 倍とした信号 $ax(t)$ と $y(t)$ を b 倍した信号 $by(t)$ を足し合わせた信号 $ax(t)+by(t)$ の複素フーリエ係数は，ac_k+bd_k となる性質です．もし，c_k と d_k があらかじめわかっていれば，信号 $ax(t)+by(t)$ の複素フーリエ係数を計算しなくても，c_k と d_k の足し合わせによって求めることができるということを意味しています．

(2) 時間シフト

$$x(t-d) \longleftrightarrow c_k e^{-jk\omega_0 d}$$

$x(t)$ を d だけ遅らせた信号 $x(t-d)$ の複素フーリエ係数は，元の信号の複素フーリエ係数を $e^{-jk\omega_0 d}$ 倍した値になります．

(3) 実数信号に対する性質

通常，我々が取り扱う周期信号は，実数値を取ります．このとき，その信号の複素フーリエ係数 c_k と c_{-k} の間には共役の関係があります．すなわち，$c_k=c_{-k}^*$

が成り立ちます．ここで，*は共役を表します．したがって $|c_k|=|c_{-k}|$, $\text{Arg}(c_k)=-\text{Arg}(c_{-k})$ が成り立つこともわかります．つまり，振幅スペクトルは偶対称，位相スペクトルは奇対称になります．

> 例題7では，三角波が実数信号でしたので，振幅スペクトルが偶対称になっていました．

（4）偶関数，奇関数の周期信号

周期信号 $x(t)$ が偶関数のとき，複素フーリエ係数は実数になります．すなわち，$\text{Im}(c_k)=0$ が成り立ちます．周期信号 $x(t)$ が奇関数のとき，複素フーリエ係数は純虚数になります．すなわち，$\text{Re}(c_k)=0$ が成り立ちます．

> 例題7では，三角波が偶関数でしたので，その複素フーリエ係数が実数になっていました．

（5）パーセバルの公式

$$\frac{1}{T}\int_{-T/2}^{T/2}x(t)^2 dt=\sum_{k=-\infty}^{\infty}|c_k|^2$$

左辺は，周期信号 $x(t)$ を2乗して，一周期区間で平均を取った値であり，平均パワーと呼びます．平均パワーは，その信号の複素フーリエ係数の絶対値の2乗の総和で表すことができることを示しています．

まとめ

- **複素フーリエ級数展開**

  周期 T の周期信号 $x(t)$ は，複素正弦波の足し合わせ

  $$x(t)=\sum_{k=-\infty}^{\infty}c_k e^{jk\omega_0 t}\quad\left(\omega_0=\frac{2\pi}{T}\right)$$

  で表現できます．

  係数 c_k は

  $$c_k=\frac{1}{T}\int_{-T/2}^{T/2}x(t)e^{-jk\omega_0 t}dt$$

  で求めることができます．

2-4 いろいろな周期信号を複素フーリエ級数展開してみよう

キーポイント
- 代表的な周期信号の複素フーリエ係数の計算を通して，その計算方法に慣れましょう．
- 複素フーリエ級数で成り立つ性質を利用して効率のよい計算方法を身に付けましょう．

1 矩 形 波

矩形波とは，長方形の波形が繰り返し現れる周期信号のことをいいます．パルス波とも呼ばれる場合もあります．

例題 8

図の矩形波を複素フーリエ級数展開しなさい．

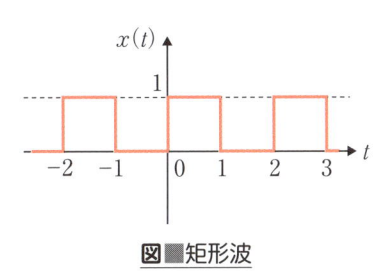

図■矩形波

解答 まず，矩形波の周期 T と基本角周波数 ω_0 を求めます．図の波形から，$T=2$ であることがわかるので，$\omega_0=\pi$ となります．

複素フーリエ係数を求めます．$k=0$ のときは，c_0 は信号の平均値なので，図から $c_0=1/2$ であることがわかります．$k\neq 0$ のときは，c_k は次式のように計算できます．

$$c_k = \frac{1}{2}\int_0^1 1\cdot e^{-jk\pi t}\,dt$$

$$= \frac{1}{-j2k\pi}[e^{-jk\pi t}]_0^1 = \frac{1}{-j2k\pi}(e^{-jk\pi}-1) = \frac{j}{2k\pi}((-1)^k-1)$$

$$= \begin{cases} 0 & (k：零でない偶数) \\ -j/(k\pi) & (k：奇数) \end{cases} \qquad (2\cdot 63)$$

したがって，$x(t)$ の複素フーリエ級数展開は

$$x(t) = \frac{1}{2} - \frac{j}{\pi} \sum_{n=-\infty}^{\infty} \frac{1}{2n-1} e^{j(2n-1)\pi t} \quad \text{（$k=2n-1$ とおいた．）} \tag{2・64}$$

となります．

前の例題において，$x(t)$ の複素フーリエ級数は，複素数で表現されていますが，実数になるはずです．なぜなら，$x(t)$ が実数だからです．このことを確かめてみましょう．

式 (2・64) は次のように変形できます．

$$\begin{aligned}
x(t) &= \frac{1}{2} - \frac{j}{\pi} \left\{ \cdots - \frac{1}{5} e^{-j5\pi t} - \frac{1}{3} e^{-j3\pi t} - e^{-j\pi t} + e^{j\pi t} + \frac{1}{3} e^{j3\pi t} + \frac{1}{5} e^{j5\pi t} \cdots \right\} \\
&= \frac{1}{2} - \frac{j}{\pi} \left\{ (e^{j\pi t} - e^{-j\pi t}) + \left(\frac{1}{3} e^{j3\pi t} - \frac{1}{3} e^{-j3\pi t} \right) + \left(\frac{1}{5} e^{j5\pi t} - \frac{1}{5} e^{-j5\pi t} \right) + \cdots \right\} \\
&= \frac{1}{2} + \frac{2}{\pi} \left\{ \sin \pi t + \frac{1}{3} \sin 3\pi t + \frac{1}{5} \sin 5\pi t + \cdots \right\}
\end{aligned} \tag{2・65}$$

この結果，矩形波が定数と正弦波信号の足し合わせで表現できることになりました．したがって，右辺が実数であることがわかります．なお，この結果は，フーリエ係数を求めることによっても得ることができます．

式 (2・65) において，加算する項数を制限した

$$x_N(t) = \frac{1}{2} + \frac{2}{\pi} \sum_{n=1}^{N} \frac{1}{2n-1} \sin (2n-1)\pi t \tag{2・66}$$

の波形が N を大きくするについてどのように変化するか観察してみましょう．

図 2・6 に N が 2，5 および 20 のときの波形を示します．N が大きいほど，$x_N(t)$ が矩形波に近づいていることがわかります．しかし，矩形パルスが不連続に変化する時刻付近では，激しい振動がみられます．この現象を**ギブス（Gibbs）現象**といいます．

この振動は，N が大きくなるにつれて，不連続となる時刻に集まっていく様子がみれます．ただし，振動が発生する範囲は狭くなりますが，そのピークの値はほとんど減少しないことが知られています．

また，不連続となる時刻においては，$N \to \infty$ のとき $x_N(t)$ は，その時刻の左右からの極限値の平均に近づいていくことがわかっています．たとえば，$t=1$ においては，$N \to \infty$ のとき $x_N(1) \to 1/2$ となります．

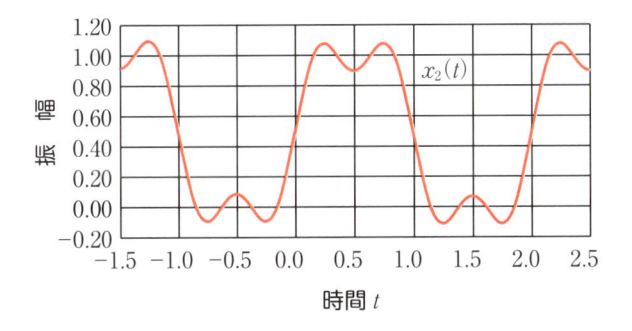

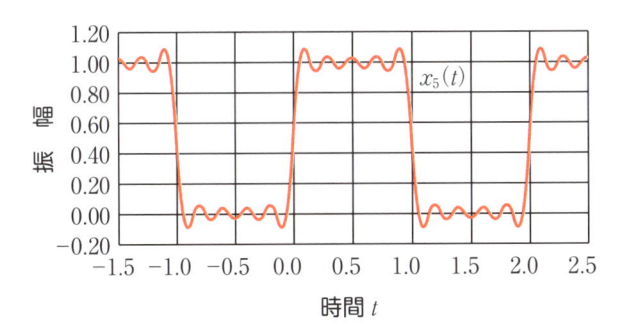

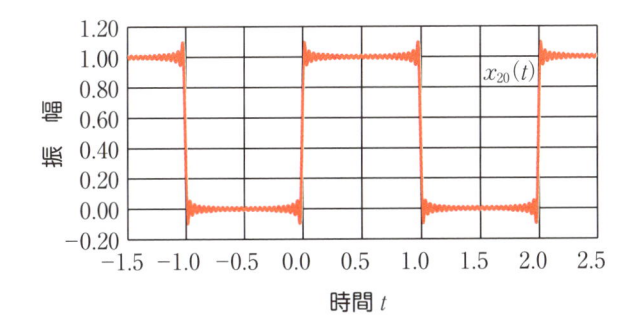

図 2・6 ■ 項数を制限したときの，矩形波の複素フーリエ級数

2 のこぎり波

のこぎり波とは，三角形の波形が繰り返し現れる周期信号のことをいいます．

例題 8

図ののこぎり波の複素フーリエ係数を求めなさい．

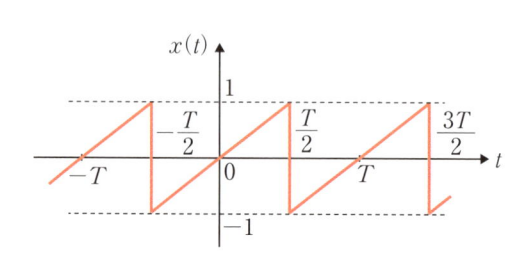

図 のこぎり波

解答 周期が T，基本角周波数が $\omega_0 = 2\pi/T$ になっていることに注意して，複素フーリエ係数を求めます．$k=0$ のときは，c_0 は信号の平均値なので，図から $c_0 = 0$ であることがわかります．$k \neq 0$ のときは，c_k は次式のように計算できます．

$$\begin{aligned}
c_k &= \frac{1}{T} \int_{-T/2}^{T/2} \frac{2}{T} t \cdot e^{-jk(2\pi/T)t} \, dt \\
&= \frac{2}{T^2} \cdot \frac{T}{-j2k\pi} \left\{ \left[t \cdot e^{-jk(2\pi/T)t} \right]_{-T/2}^{T/2} - \int_{-T/2}^{T/2} e^{-jk(2\pi/T)t} \, dt \right\} \\
&= \frac{j}{k\pi T} \left\{ \frac{T}{2}(e^{-jk\pi} + e^{jk\pi}) - \frac{T}{-j2k\pi} \left[e^{-jk(2\pi/T)} \right]_{-T/2}^{T/2} \right\} \\
&= \frac{j}{k\pi} \left\{ \frac{1}{2}(e^{-jk\pi} + e^{jk\pi}) + \frac{1}{j2k\pi}(e^{-jk\pi} - e^{jk\pi}) \right\} \\
&= \frac{j}{k\pi} \{ (-1)^k - 0 \} \\
&= \begin{cases} j/(k\pi) & (k : \text{零でない偶数}) \\ -j/(k\pi) & (k : \text{奇数}) \end{cases}
\end{aligned} \tag{2·67}$$

> 部分積分を使います．

3 そのほかの周期信号

例題 9

図に示す階段状の周期信号の複素フーリエ係数を求めなさい.

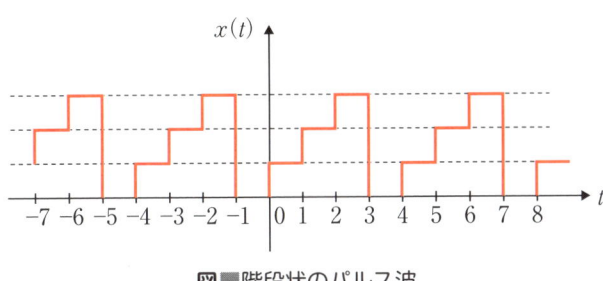

図■階段状のパルス波

解答 周期信号の周期が $T=4$, 基本角周波数が $\omega_0=\pi/2$ になっていることに注意して, 複素フーリエ係数を求めます. c_0 は信号の平均値なので, 図から $c_0=3/2$ であることがわかります. $c_k(k\neq0)$ は次式のように計算できます. ただし, 積分区間は $0\leqq t<4$ に選んでみます.

$$\begin{aligned}
c_k &= \frac{1}{4}\int_0^1 e^{-jk(\pi/2)t}\,dt + \frac{1}{4}\int_1^2 2\cdot e^{-jk(\pi/2)t}\,dt + \frac{1}{4}\int_2^3 3\cdot e^{-jk(\pi/2)t}\,dt \\
&= \frac{1}{-j2k\pi}\left\{\left[e^{-jk(\pi/2)t}\right]_0^1 + \left[2e^{-jk(\pi/2)t}\right]_1^2 + \left[3e^{-jk(\pi/2)t}\right]_2^3\right\} \\
&= \frac{j}{2k\pi}(e^{-jk\pi/2}-1+2e^{-jk\pi}-2e^{-jk\pi/2}+3e^{-jk3\pi/2}-3e^{-jk\pi}) \\
&= \frac{j}{2k\pi}(-1-e^{-jk\pi/2}-e^{-jk\pi}+3e^{-jk3\pi/2}) \\
&= \frac{j}{2k\pi}\{-1-(-j)^k-(-1)^k+3j^k\} \\
&= \begin{cases} 0 & (k=4n,\ k\neq0) \\ -2/(k\pi) & (k=4n+1) \\ -j2/(k\pi) & (k=4n+2) \\ 2/(k\pi) & (k=4n+3) \end{cases} \quad (n:\text{整数}) \tag{2・68}
\end{aligned}$$

$e^{-j\pi/2}=-j$
$e^{-j\pi}=-1$
$e^{-j3\pi/2}=j$

上に示した方法では, 複素フーリエ係数 $c_k(k\neq0)$ を信号 $x(t)$ から直接計算をしました. 複素フーリエ係数の時間シフトと線形性の性質を利用して, これを解

いてみます．まず，一つの周期において

$$p(t) = \begin{cases} 1 & (0 \leq t < 1) \\ 0 & (1 \leq t < 4) \end{cases} \tag{2.69}$$

で定義される周期4の矩形波 $p(t)$ を用意します．この矩形波 $p(t)$ を用いると，$x(t)$ を次のように表すことができます．

$$x(t) = p(t) + 2p(t-1) + 3p(t-2) \tag{2.70}$$

$p(t)$ の複素フーリエ係数を d_k とすると，複素フーリエ級数の線形性と時間シフトの性質を利用すれば，c_k は

$$\begin{aligned} c_k &= d_k + 2d_k e^{-jk\omega_0} + 3d_k e^{-jk2\omega_0} \\ &= d_k(1 + 2e^{-jk\pi/2} + 3e^{-jk\pi}) = d_k\{1 + 2(-j)^k + 3(-1)^k\} \end{aligned} \tag{2.71}$$

となります．そこで，d_k を求めましょう．

$$\begin{aligned} d_k &= \frac{1}{4}\int_0^1 e^{-jk(\pi/2)t}\,dt = -\frac{1}{j2k\pi}[e^{-jk(\pi/2)t}]_0^1 = -\frac{1}{j2k\pi}(e^{-jk\pi/2}-1) \\ &= -\frac{1}{j2k\pi}\{(-j)^k - 1\} = \frac{j}{2k\pi}\{(-j)^k - 1\} \end{aligned} \tag{2.72}$$

($e^{-j\pi/2} = -j$)

この結果を式 (2.71) の右辺に代入すると

$$\begin{aligned} c_k &= \frac{j}{2k\pi}\{(-j)^k - 1\}\{1 + 2(-j)^k + 3(-1)^k\} \\ &= \frac{j}{2k\pi}\{(-j)^k + 2(-j)^{2k} + 3(-1)^k(-j)^k - 1 - 2(-j)^k - 3(-1)^k\} \\ &= \frac{j}{2k\pi}\{(-j)^k + 2(-1)^k + 3j^k - 1 - 2(-j)^k - 3(-1)^k\} \\ &= \frac{j}{2k\pi}\{-1 - (-j)^k - (-1)^k + 3j^k\} \end{aligned} \tag{2.73}$$

のように同じ結果が得られます．

> 前の解き方では，積分の計算が3回ありましたが，今回の解き方では，積分の計算は1回だけですね．

> もし，d_k があらかじめわかっていれば，複素数の代数計算だけで，c_k を計算できます．

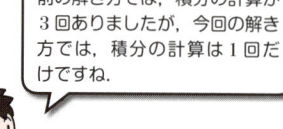

2-5 フーリエ変換

キーポイント

- 周期信号の周期を無限にすると周期をもたない信号（非周期信号）になります．
- 非周期信号は複素正弦波信号の連続的な足し合わせ（積分）で表現することができます．その表現をフーリエ逆変換といいます．
- 非周期信号に含まれる複素正弦波の大きさ(複素数)が複素関数で表されます．この関数をその信号のフーリエ変換といいます．

1 周期をもたない信号

周期をもたない信号のことを非周期信号と呼びます．非周期信号は，$x(t+T)=x(t)$ を満足する正の実数 T が存在しません．このことは，非周期信号は無限の周期をもつ周期信号と見なせることを意味しています．

非周期信号の例として，**図2・7**(a)に示すような孤立したパルスがあります．パルスが一つしかないので，$x(t+T)=x(t)$ を満足する正の実数 T が存在しません．このパルスは，同図(b)の周期信号であるパルス波に対して，周期を無限にした信号であると考えることができます．

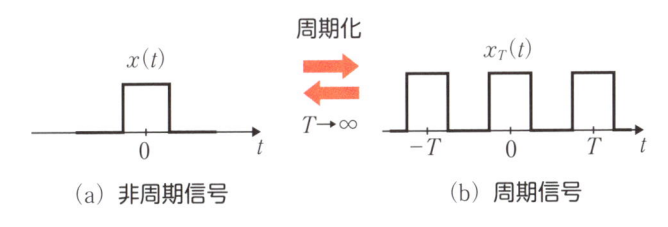

(a) 非周期信号 (b) 周期信号

図2・7 孤立したパルスとパルス波

2 非周期信号を複素フーリエ級数展開してみよう

非周期信号に対して複素フーリエ級数展開を適用し，非周期信号に対する複素正弦波信号の足し合わせの表現を導いてみましょう（**図2・8**）．

$x(t)$ を非周期信号とします．ただし，ある $T_e(>0)$ に対して $-T_e/2 \leq t \leq T_e/2$ の区間に値が存在するものとします．この信号 $x(t)$ が周期 $T(>T_e)$ で繰り返し現れる周期信号 $x_T(t)$ をつくります．

周期信号 $x_T(t)$ は，次式のように複素フーリエ級数展開できます．

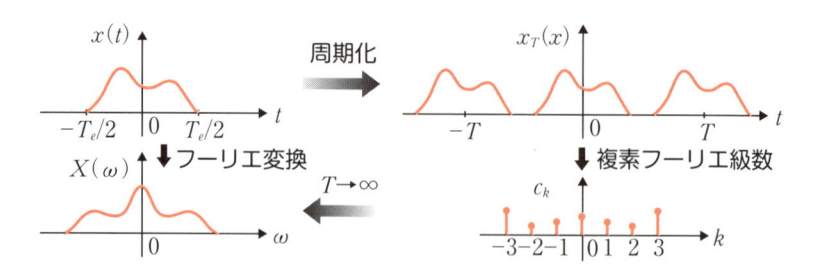

図2・8 非周期信号の複素フーリエ級数展開

$$x_T(t) = \sum_{k=-\infty}^{\infty} c_k e^{jk\omega_0 t} \quad \left(\omega_0 = \frac{2\pi}{T}\right) \tag{2・74}$$

ここに，フーリエ係数 c_k は

$$c_k = \frac{1}{T}\int_{-T/2}^{T/2} x_T(t) e^{-jk\omega_0 t}\, dt \tag{2・75}$$

によって計算できます．

ここで $-T/2 \leqq t \leqq T/2$ の範囲では $x_T(t) = x(t)$ となるので，c_k は $x(t)$ を使って

$$c_k = \frac{1}{T}\int_{-T/2}^{T/2} x(t) e^{-jk\omega_0 t}\, dt \tag{2・76}$$

と計算できます．さらに，積分範囲を $-\infty \sim \infty$ にしても，c_k の結果は変わりません．なぜなら，$-T/2 \leqq t \leqq T/2$ の範囲の外では，$x(t) = 0$ になっているからです．したがって

$$c_k = \frac{1}{T}\int_{-\infty}^{\infty} x(t) e^{-jk\omega_0 t}\, dt \tag{2・77}$$

を得ます．

式 (2・77) の右辺にある積分は，ω_0 の関数になっています．そこで

$$X(\omega) = \int_{-\infty}^{\infty} x(t) e^{-j\omega t}\, dt \tag{2・78}$$

という関数を定義すると，複素フーリエ係数 c_k は

$$c_k = \frac{1}{T} X(k\omega_0) \tag{2・79}$$

と表すことができます．この式を使うと，$x_T(t)$ の複素フーリエ級数展開は

$$x_T(t) = \sum_{k=-\infty}^{\infty} \frac{1}{T} X(k\omega_0) e^{jk\omega_0 t} = \frac{1}{2\pi}\sum_{k=-\infty}^{\infty} X(k\omega_0) e^{jk\omega_0 t} \omega_0 \tag{2・80}$$

となります．ここでは，右辺にある T を $\omega_0/(2\pi)$ で表しました．

ここで，周期 T を無限に大きくすることによって，$x_T(t)$ を非周期信号 $x(t)$ にします．これにより，非周期信号 $x(t)$ の複素フーリエ級数，すなわち式(2・80)の右辺がどのように変化するかをみていきましょう．

周期 T を無限に大きくすると，基本角周波数 $\omega_0 = 2\pi/T$ が無限に小さくなります．したがって，非周期信号 $x(t)$ は

$$x(t) = \lim_{\omega_0 \to 0} \frac{1}{2\pi} \sum_{k=-\infty}^{\infty} X(k\omega_0) e^{jk\omega_0 t} \omega_0 \tag{2・81}$$

と表現できることがわかります．右辺の極限値は，複素関数 $X(\omega)e^{j\omega t}$ を $-\infty \sim \infty$ の範囲で積分した結果になっていることがわかります．したがって，非周期信号 $x(t)$ の複素フーリエ級数展開の表現として

$$x(t) = \frac{1}{2\pi} \int_{-\infty}^{\infty} X(\omega) e^{j\omega t} d\omega \tag{2・82}$$

を得ることができました．

> $e^{j\omega t}$ を連続的に足し合わせて $x(t)$ を表現できます．

3 フーリエ変換とスペクトル

周期信号に対する複素フーリエ級数では，角周波数が離散的に変化した複素正弦波信号の足し合わせで周期信号を表していました．これに対して，式(2・82)では，非周期信号を角周波数が連続的に変化する複素正弦波信号の足し合わせ，すなわち複素正弦波信号の積分で表すことができることを示しています．

また，$e^{j\omega t}$ をどの程度積分して集めればよいかを表している係数に対応するものが $X(\omega)$ です．それは，式(2・78)で求めることができます．$X(\omega)$ も連続的に変化する ω に対する関数で表されるので，係数ではなく，分布のようになります．

式(2・78)で計算される $X(\omega)$ を $x(t)$ の **フーリエ変換**，式(2・82)を $X(\omega)$ の **フーリエ逆変換** といいます．$X(\omega)$ は，$x(t)$ のフーリエスペクトル（あるいは単に，スペクトル）と呼ぶこともあります．

フーリエ変換とフーリエ逆変換を記号を用いて記述します．

$$X(\omega) = \mathcal{F}\{x(t)\} = \int_{-\infty}^{\infty} x(t) e^{-j\omega t} dt \tag{2・83}$$

$$x(t) = \mathcal{F}^{-1}\{x(t)\} = \frac{1}{2\pi} \int_{-\infty}^{\infty} X(\omega) e^{j\omega t} d\omega \tag{2・84}$$

また，$x(t)$ とそのフーリエ変換 $X(\omega)$ は一対一の対応関係にあるので，それを

補足⇒フーリエ逆変換は「逆フーリエ変換」ということもあります．

フーリエ変換対と呼び，$x(t) \longleftrightarrow X(\omega)$ のように表記します．

フーリエ変換 $X(\omega)$ は一般に複素数になります．それを極形式

$$X(\omega) = |X(\omega)|e^{j\theta(\omega)} \tag{2・85}$$

で表現できます．$|X(\omega)|$ は $X(\omega)$ の絶対値であり，**振幅スペクトル**といいます．$\theta(\omega)$ は $X(\omega)$ の偏角であり，**位相スペクトル**といいます．

4 フーリエ変換で成り立つ性質

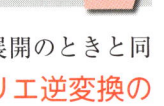

フーリエ変換では，重要な性質があります．複素フーリエ級数展開のときと同様に，**これらの性質を利用すると，フーリエ変換やフーリエ逆変換の計算が容易になる**ことがあります．以下では，$x(t) \longleftrightarrow X(\omega), y(t) \longleftrightarrow Y(\omega)$ であるとします．

（1）線 形 性

$$ax(t) + by(t) \longleftrightarrow aX(\omega) + bY(\omega) \quad (a と b は実数)$$

線形和とフーリエ変換の順序を変更できることを示しています．

（2）時間シフト

$$x(t-d) \longleftrightarrow X(\omega)e^{-j\omega d}$$

d 遅れた（あるいは $-d$ 進んだ）信号のフーリエ変換は，元の信号のフーリエ変換に $e^{-j\omega d}$ が乗算されます．このとき，$X(\omega)e^{-j\omega d} = |X(\omega)|e^{j(\theta(\omega)-\omega d)}$ となるので，時間シフトでは，振幅スペクトルは変化せず，位相スペクトルが $-\omega d$ 変化することがわかります．

（3）周波数シフト

$$x(t)e^{j\omega_0 t} \longleftrightarrow X(\omega - \omega_0)$$

信号に角周波数 ω_0 の複素正弦波を掛け算すると，そのフーリエ変換が移動することを示しています．

（4）時間スケーリング

$$x(at) \longleftrightarrow \frac{1}{|a|}X\left(\frac{\omega}{a}\right)$$

信号が時間軸方向に拡大（あるいは縮小）されるとき，そのフーリエ変換は反対に周波数軸方向に縮小（あるいは拡大）されることを示しています．

（5）時間反転

$$x(-t) \longleftrightarrow X(\omega)^*$$

信号を反転させると，そのフーリエ変換は，元の信号のフーリエ変換の共役になります．特に，$x(t)$ が偶関数の場合は，$x(t)=x(-t)$ となるので，$X(\omega)=X(\omega)^*$ が成り立ちます．つまり，偶関数のフーリエ変換は実数の関数となります．$x(t)$ が奇関数の場合は，$x(t)=-x(-t)$ となるので，$X(\omega)=-X(\omega)^*$ が成り立ちます．つまり，偶関数のフーリエ変換は純虚数の関数となります．

(6) 双対性

$$X(t) \longleftrightarrow 2\pi x(-\omega)$$

スペクトルと同じ波形である信号をフーリエ変換すると信号波形を反転した形のスペクトルが得られることを意味しています．

(7) たたみ込み積分

$$\int_{-\infty}^{\infty} x(t-\tau)y(\tau)d\tau \longleftrightarrow X(\omega)Y(\omega)$$

$\int_{-\infty}^{\infty} x(t-\tau)y(\tau)d\tau$ を $x(t)$ と $y(t)$ のたたみ込み積分（あるいは合成積）といいます．システムの入出力関係を表す重要な演算です．二つの信号のたたみ込み積分は，それらのフーリエ変換の積に対応します．

(8) パーセバルの公式

$$\int_{-\infty}^{\infty} |x(t)|^2 dt \longleftrightarrow \frac{1}{2\pi} \int_{-\infty}^{\infty} |X(\omega)|^2 d\omega$$

左辺は，信号のエネルギーを表しています．右辺は，信号の振幅スペクトルの2乗をすべての各周波数で積分した値を表しています．振幅スペクトルの2乗は，パワースペクトル（エネルギー密度スペクトル）と呼ばれています．

まとめ

非周期信号 $x(t)$ は，複素正弦波の連続的な足し合わせ（積分）

$$x(t)=\frac{1}{2\pi}\int_{-\infty}^{\infty} X(\omega)e^{j\omega t} d\omega \quad \text{（フーリエ逆変換）}$$

で表現できます．

$X(\omega)$ は

$$X(\omega)=\int_{-\infty}^{\infty} x(t)e^{-j\omega t} dt \quad \text{（フーリエ変換）}$$

で求めることができます．

2-6 いろいろな信号をフーリエ変換してみよう

キーポイント
- 代表的な信号のフーリエ変換の計算を通して，その計算方法に慣れましょう．
- フーリエ変換で成り立つ性質を利用して効率のよい計算方法を身に付けましょう．

1 パルス

基本的な信号であるパルスのフーリエ変換を求めてみましょう．

例題 10

図のパルスのフーリエ変換を求めなさい．

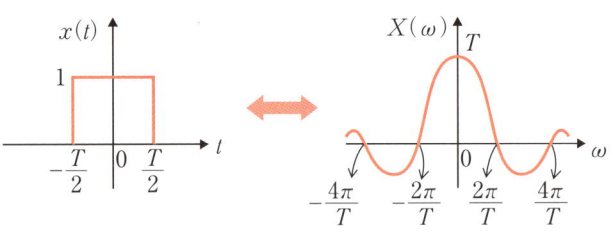

図■パルス

解答 定義に従って以下のように積分を計算します．

$$X(\omega) = \int_{-T/2}^{T/2} e^{-j\omega t}\, dt = \frac{1}{-j\omega}(e^{-j\omega T/2} - e^{j\omega T/2})$$

$$= \frac{1}{-j\omega}(-2j)\sin\left(\frac{\omega T}{2}\right) = \frac{2\sin(\omega T/2)}{\omega} \qquad (2\cdot 86)$$

> オイラーの公式を使う．

> パルスが偶関数であったので，スペクトルは実数の関数になったことにも注意しておきましょう．

2 インパルス信号とそのフーリエ変換

インパルス信号とは，$t=0$ の一瞬に存在する鋭いパルスです．次のように定義します．$t=0$ にある幅が T で振幅が $1/T$ のパルス $p(t)$ を考えまし

ょう（**図2・9**）．$p(t)$ は，$-T/2 \leq t \leq T/2$ に値が存在します．ここで，T を限りなく零に近づけたとき，パルスは原点だけに存在する，振幅が無限大の鋭いパルスになります．これをインパルス信号（あるいはデルタ関数）と呼び，$\delta(t)$ と表記します．

インパルス信号には次の二つの性質があります．

$$\int_{-\infty}^{\infty} \delta(t-\tau)x(t)dt = x(\tau) \tag{2・87}$$

$$\int_{-\infty}^{\infty} \delta(t)dt = 1 \tag{2・88}$$

一つ目は，連続な信号 $x(t)$ とインパルス信号 $\delta(t-\tau)$ との積を積分すると $t=\tau$ の信号の振幅値になることを示しています．$\delta(t-\tau)$ は，$t=\tau$ にだけ存在します．よって，$t=\tau$ の信号の振幅値 $x(\tau)$ だけが積分対象になることから理解することができます．二つ目は，パルス $p(t)$ の面積が T に関係なく 1 になっていることから導かれます．

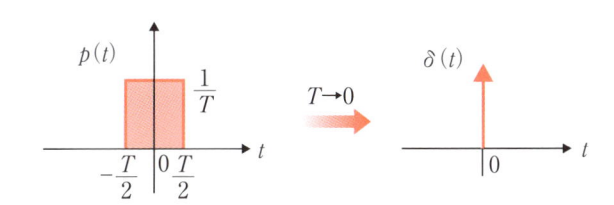

図2・9 ■ 面積が 1 であるパルスとインパルス

例題 11

インパルス信号のフーリエ変換を求めなさい．

解答

$$\mathcal{F}\{\delta(t)\} = \int_{-\infty}^{\infty} \delta(t)e^{-j\omega t}dt = e^{-j\omega \cdot 0} = 1 \tag{2・89}$$

インパルス信号の一つ目の性質により，$e^{-j\omega t}$ の $t=0$ の値が積分結果となるため，インパルス信号のフーリエ変換は 1 となります．したがって，$\delta(t) \longleftrightarrow 1$ が成り立ちます（**図**）．

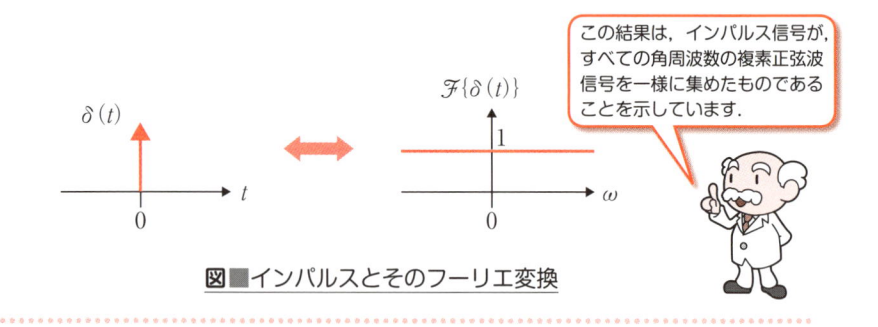

> この結果は，インパルス信号が，すべての角周波数の複素正弦波信号を一様に集めたものであることを示しています．

図■インパルスとそのフーリエ変換

3 正弦波信号のフーリエ変換

正弦波信号のフーリエ変換を求めてみましょう．

例題 11

正弦波信号 $x(t) = \cos \omega_0 t$ のフーリエ変換を求めなさい．

解答 直接計算することが難しいので，フーリエ変換の性質を利用します．まず，前の例題の結果である $\delta(t) \longleftrightarrow 1$ に対して，フーリエ変換の双対性を当てはめると，$1 \longleftrightarrow 2\pi\delta(-\omega) = 2\pi\delta(\omega)$ が導かれます．次に，この結果に対して，周波数シフトの性質を利用すると，$e^{j\omega_0 t} \longleftrightarrow 2\pi\delta(\omega - \omega_0)$ と $e^{-j\omega_0 t} \longleftrightarrow 2\pi\delta(\omega + \omega_0)$ が得られます．最後に，オイラーの公式を用いれば，$\cos \omega_0 t = (e^{j\omega_0 t} + e^{-j\omega_0 t})/2$ ですから，フーリエ変換の線形性を利用して，$\cos \omega_0 t \longleftrightarrow \pi\delta(\omega - \omega_0) + \pi\delta(\omega + \omega_0)$ が求まります．

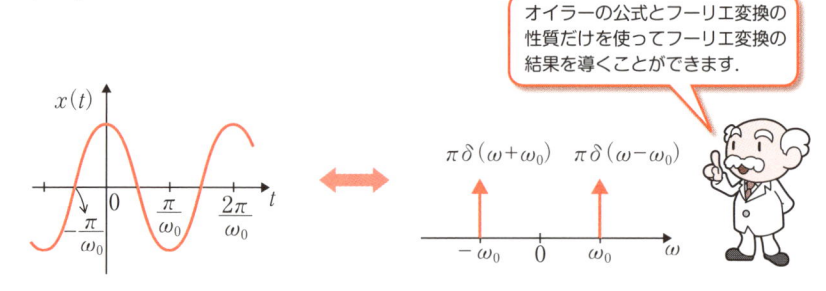

> オイラーの公式とフーリエ変換の性質だけを使ってフーリエ変換の結果を導くことができます．

図■正弦波信号とそのフーリエ変換

$1 \longleftrightarrow 2\pi\delta(\omega)$ の結果から，直流信号のフーリエ変換が大きさが 2π であるインパルスになることが明らかとなりました．これは，直流信号が，角周波数が零である複素正弦波信号であることを示しています．

　また，角周波数が ω_0 である正弦波信号のフーリエ変換は，$\pm\omega_0$ の角周波数に存在する，大きさ π のインパルスになることがわかりました．正弦波信号が，その正負の角周波数の複素正弦波信号だけで表現できることを示しています．これは，オイラーの公式そのものを表しています．

練習問題

① 次の信号の周期を求めなさい．
  (1) $\sin 4\pi t$
  (2) $\cos \pi t + 2\sin 2\pi t$
  (3) $|\sin 3\pi t|$
  (4) $e^{j(\pi/2)t}$

② 次の周期信号を複素フーリエ級数展開しなさい．
  (1) $\cos^2 \pi t$
  (2) 図(a)に示す矩形波 $x_1(t)$
  (3) 図(b)に示す $x_2(t)$
  (4) $|\sin \pi t|$

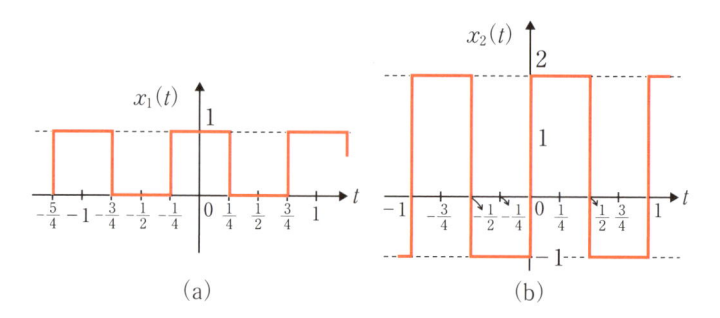

図■問題②の信号波形

③ 次の信号をフーリエ変換しなさい．
  (1) $\sin \omega_0 t$
  (2) $x(t) = \begin{cases} 1 & (0 \leq t \leq T) \\ 0 & (その他) \end{cases}$
  (3) $e^{-a|t|} \ (a > 0)$

④ 次のスペクトルをフーリエ逆変換しなさい．
  (1) $4\pi \{\delta(\omega - \omega_0) + \delta(\omega + \omega_0)\}$
  (2) $X(\omega) = \begin{cases} 1 & (-\omega_c \leq \omega \leq \omega_c) \\ 0 & (その他) \end{cases}$

3章

連続時間システム

　信号は連続時間信号と離散時間信号とに大別することができます．それぞれを取り扱うシステムを連続時間システム，離散時間システムといいます．

　本章では線形性と時不変性が成り立つ線形時不変連続時間システム（LTIシステム）について学びます．

　まず，線形性と時不変性とは何かを学んだ上で，LTIシステムでは出力は入力とシステムのインパルス応答をたたみ込み積分することで得られることを学びます．このような連続時間システムは，信号の入出力関係が微分方程式で記述されます．この微分方程式を，ラプラス変換を用いて解析する手法を示します．さらにラプラス変換を用いることで，連続時間システムの伝達関数の導出が容易になります．そして伝達関数からシステムの周波数特性が得られることを学びます．

- 3-1 連続時間システムの性質
- 3-2 微分方程式
- 3-3 システムの周波数特性
- 3-4 ラプラス変換
- 3-5 伝達関数

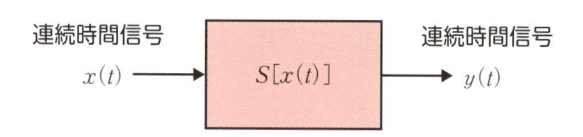

3-1 連続時間システムの性質

キーポイント

　信号は一般的にアナログ信号と呼ばれる連続時間信号と，ディジタル信号と呼ばれる離散時間信号に大別することができます．連続時間信号を取り扱うシステムを連続時間システム，離散時間信号を取り扱うシステムを離散時間システムといいます．
　本節では連続時間システムの性質を学びます．特に線形性と時不変性と呼ばれる重要な性質を有する線形時不変（LTI）システムを考えます．この線形性と時不変性が成り立つと，LTIシステムに対する任意の出力は，LTIシステムにインパルス信号を入力したときの出力，インパルス応答と入力のたたみ込み積分で与えられることが導かれます．

1 連続時間システム

　システムは連続時間システムと離散時間システムの二つに大別することができます．連続時間システムはアナログ信号処理に，離散時間システムはディジタル信号処理に対応していると考えればよいでしょう．
　図 3・1 に示すように連続時間信号（アナログ信号）$x(t)$ を入力したとき，連続時間信号（アナログ信号）$y(t)$ を出力するものを**連続時間システム**と呼びます．

連続時間信号　　　　　　　　　連続時間信号
$x(t)$ → $S[x(t)]$ → $y(t)$

図 3・1 ■連続時間システム

ここで $x(t)$ と $y(t)$ の関係を

$$y(t) = S[x(t)] \tag{3・1}$$

と書くことにすると，$S[\cdot]$ がシステムを意味します．このとき，大カッコの中身はシステムへの入力信号で，「・」で表します．**図 3・2** に連続時間システムの入出力の例を示します．この例では入出力間には，一定の入力 1 が時間 0 から 1 の間に与えられると，出力は時間が 0 から 1 では 1/2 まで増加し，その後，時間が 1 から 2 の間に減少するような関係がある様子を示しています．

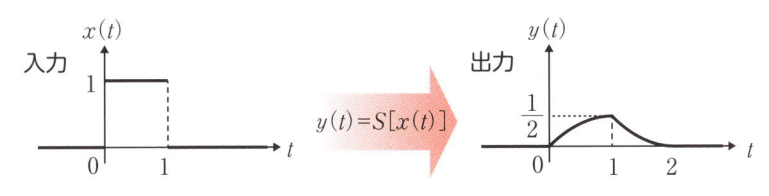

図3·2■連続時間システムの入出力例

2 線形時不変システム

(1) 線 形 性

入力 $x_1(t)$ に対する出力を $y_1(t)$，入力 $x_2(t)$ に対する出力を $y_2(t)$ とします．すなわち

$$y_1(t) = S[x_1(t)]$$
$$y_2(t) = S[x_2(t)]$$

とします．このとき，任意の定数 a, b に対して

$$\begin{aligned} y(t) &= S[ax_1(t)+bx_2(t)] \\ &= aS[x_1(t)]+bS[x_2(t)] \\ &= ay_1(t)+by_2(t) \end{aligned} \tag{3·2}$$

が成り立つとき，$S[\cdot]$ を<u>線形システム</u>（linear system）といい，<u>入出力に線形性が成り立つ</u>といいます．すなわち，入力の信号を定数倍したとき，出力の信号も定数倍となります．また，複数の信号が足し合わされた信号を入力したとき，出力はそれぞれの信号に対応した出力を足し合わせたものとなります．

図3·3に図3·2のシステムを例に線形性を示します．図3·2のシステムの入力をそれぞれ4/5倍，7/10倍したときの出力は，それぞれ図3·3(a)，(b)に示すようになります．入力を(a)と(b)の場合を足し合わせた場合，すなわち4/5＋7/10＝3/2倍したときの出力は，(c)に示すようにそれぞれの出力を足し合わせたものとなります．

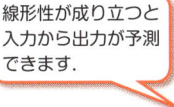

> 線形性が成り立つと入力から出力が予測できます．

(a) 入力が $\frac{4}{5}$ の場合

(b) 入力が $\frac{7}{10}$ の場合

(c) 入力を足し合わせた例

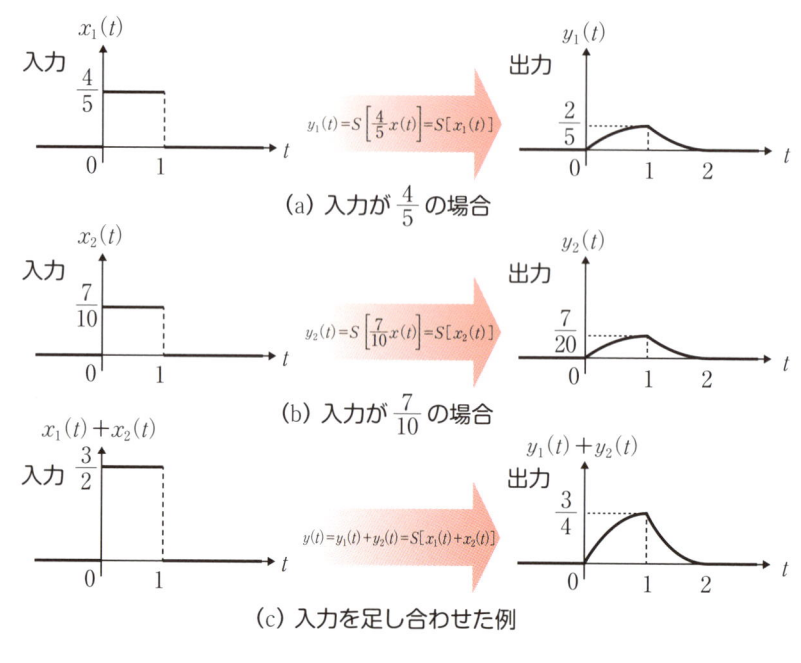

図 3・3 ■線形性

（2）時 不 変 性

τ を任意の時間としたとき

$$y(t-\tau)=S[x(t-\tau)] \tag{3・3}$$

が成り立つとき，$S[\cdot]$ を **時不変システム**（time-invariant system）といい，**入出力に時不変性が成り立つ** といいます．すなわち，時間 τ だけ遅れた信号が入力された場合，出力も時間 τ だけ遅れます．**図 3・4** に図 3・2 のシステムを例に時不変性を示します．図 3・4(a) の入力信号が (b) のように時間 τ だけ遅れたとき，出力も時間 τ だけ遅れます．

3 たたみ込み積分

線形性と時不変性が成り立つシステムを **線形時不変**（linear time-invariant：**LTI**）**システム** といいます．線形性が成り立っているならば入力信号が α 倍されたとき，出力信号も α 倍されます．また，時不変性が成り立っているならば入

(a) 元の信号

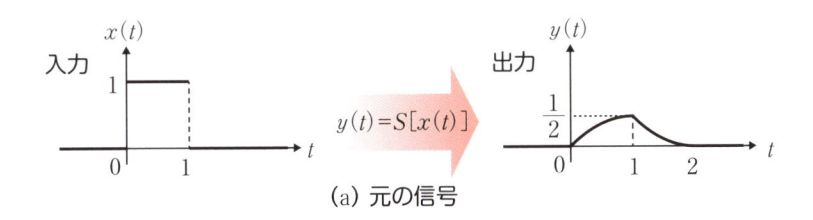

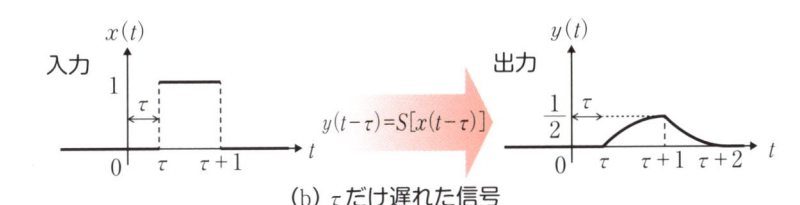

(b) τだけ遅れた信号

図 3・4 ■ 時不変性

力信号が τ ずれると，出力信号も τ ずれます．このことから，**図 3・5** のように入力信号 $x(t)$ をいくつかの幅 ε のパルスで近似すると，入力パルスの大きさとズレに応じて出力がそれぞれ得られ，その合計が出力になっていることがわかります．

図 3・5 では入力に幅のあるパルス信号を考えましたが，この幅が極限まで狭くなった次のような信号 $\delta(t)$ を考えます．

$$\delta(t-T) = f(x) = \begin{cases} \infty & (t=T) \\ 0 & (t \neq T) \end{cases}$$

$$\int_{-\infty}^{+\infty} \delta(t-T)\,dt = 1$$

このような特性をもった信号 $\delta(t)$ をインパルス（impulse）といいます．インパルス関数を図示すると**図 3・6** のように表現できます．このインパルス $\delta(t)$ をシステム S に入力したときの出力を $h(t)$ とします．

$$h(t) = S[\delta(t)] \tag{3・4}$$

$h(t)$ を**インパルス応答**（impulse response）といいます．2 章の式 (2・90) に示したように

$$\int_{-\infty}^{+\infty} \delta(t-\tau)\,x(t)\,dt = x(\tau) \tag{3・5}$$

ですので，LTI システムでは，インパルス応答 $h(t)$ さえわかっていれば線形性と時不変性から任意の入力 $x(t)$ に対する出力 $y(t)$ は次式で表現できます．

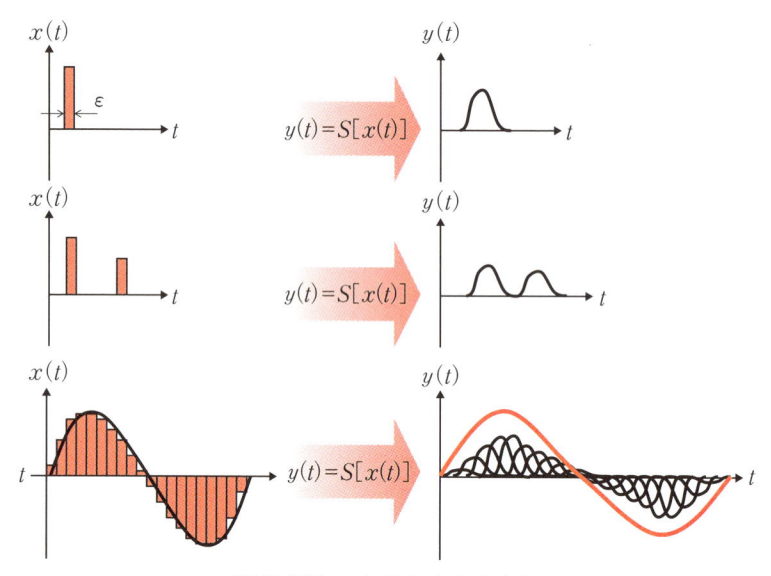

図3·5■LTIシステムの入出力

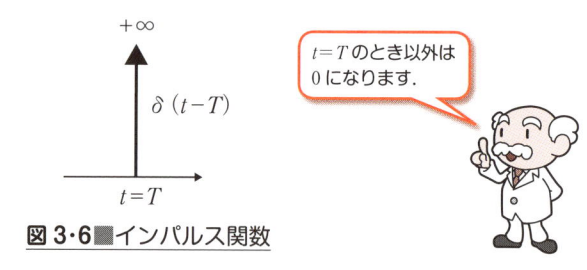

図3·6■インパルス関数

$t=T$のとき以外は0になります．

$$y(t)=\int_{-\infty}^{+\infty}h(\tau)x(t-\tau)d\tau \tag{3·6}$$

式（3·6）の積分は**たたみ込み積分**（convolution）と呼ばれ

$$y(t)=h(t)*x(t) \tag{3·7}$$

とも記述されます．

また式(3·6)で $\sigma=t-\tau$ と変数変換すると

$$y(t)=\int_{-\infty}^{+\infty}x(\sigma)h(t-\sigma)d\sigma=x(t)*h(t) \tag{3·8}$$

となります．すなわち

$$h(t)*x(t)=x(t)*h(t) \tag{3·9}$$

であり，たたみ込み積分は，二つの信号が交換可能な演算であることがわかります．

まとめ

- 線形時不変システム
- 線形性
  $y_1(t)=S[x_1(t)]$, $y_2(t)=S[x_2(t)]$ のときに
  $$y(t)=S[ax_1(t)+bx_2(t)]=aS[x_1(t)]+bS[x_2(t)]=ay_1(t)+by_2(t)$$
  が成り立つことを線形性といいます.
- 時不変性
  $$y(t-\tau)=S[x(t-\tau)]$$
  が成り立つことを時不変性といいます.
- 線形時不変システムの出力
  インパルス信号 $\delta(t)$ がシステムに入力されたときの出力をインパルス応答 $h(t)$ といいます. 任意の入力 $x(t)$ に対する出力 $y(t)$ は
  $$y(t)=\int_{-\infty}^{+\infty}h(\tau)x(t-\tau)d\tau=h(t)*x(t)$$
  と記述でき, この積分をたたみ込み積分といいます.

例題 1

図1に示したインパルス応答 $h(t)$ を有するシステム $S[\cdot]$ に, 図2に示す入力信号 $x(t)$ を加える. このときの出力 $y(t)$ を求め, 図示しなさい.

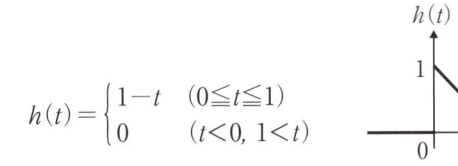

$$h(t)=\begin{cases} 1-t & (0\leq t\leq 1) \\ 0 & (t<0,\ 1<t) \end{cases}$$

図1 ■インパルス応答 $h(t)$

$$x(t)=\begin{cases} 1 & (t\geq 0) \\ 0 & (t<0) \end{cases}$$

図2 ■入力信号 $x(t)$

解答 $t<0$ では $\tau \leq t<0$ のとき，$x(t-\tau)=1$ で $t<\tau\leq 0$ では $x(t-\tau)=0$ です．一方，$\tau<0$ のとき，$h(\tau)=0$ です．

なので $t<0$ では
$$y(t)=\int_{-\infty}^{+\infty}h(\tau)x(t-\tau)d\tau=0 \quad (t<0)$$
となります．

$0\leq t<1$ のとき，$\tau\leq t$ で $x(t-\tau)=1$ です．
$0\leq \tau\leq 1$ のとき，$h(\tau)=1-\tau$ ですので
$$y(t)=\int_0^t(1-\tau)d\tau=\left[\tau-\frac{\tau^2}{2}\right]_0^t=t-\frac{t^2}{2} \quad (0\leq t<1)$$
となります．

$1\leq t$ のとき，$\tau\leq t$ で $x(t-\tau)=1$ です．
$0\leq \tau\leq 1$ のとき，$h(\tau)=1-\tau$ ですので
$$y(t)=\int_0^1(1-\tau)d\tau=\left[\tau-\frac{\tau^2}{2}\right]_0^1=\frac{1}{2} \quad (1\leq t)$$
となります．

以上より図示すると下図のようになります．

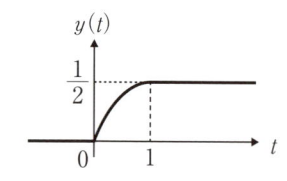

3-2 微分方程式

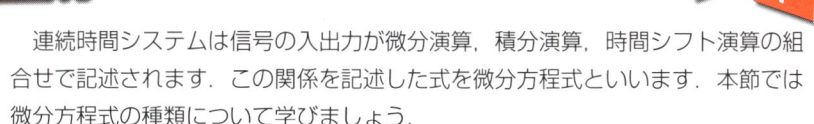

> **キーポイント**
>
> 連続時間システムは信号の入出力が微分演算，積分演算，時間シフト演算の組合せで記述されます．この関係を記述した式を微分方程式といいます．本節では微分方程式の種類について学びましょう．
> 微分方程式を解くことで，インパルス応答を求めることができます．

1 連続時間システムの微分方程式表現

（1）連続時間信号の基本演算

システムとは入力信号に対して何らかの操作を行い，出力信号に変換するものです．連続時間システムでは以下のような操作があります．

- **微分演算** $\quad y(t) = \dfrac{d}{dt} x(t)$ \hfill (3・10)

- **積分演算** $\quad y(t) = \displaystyle\int_{-\infty}^{t} x(\tau) d\tau$ \hfill (3・11)

- **時間シフト演算** $\quad y(t) = x(t-\tau)$ \hfill (3・12)

これらの操作が組み合わされて，システムが構成されます．

（2）連続時間システムの微分方程式表現

連続時間システムは次のような微分方程式で記述できます．

$$y(t) + \sum_{k=1}^{n} a_k \frac{d^k}{dt^k} y(t) = b_0 x(t) + \sum_{j=1}^{m} b_j \frac{d^j}{dt^j} x(t) \tag{3・13}$$

特に

$$y(t) + a_1 \frac{d}{dt} y(t) = b_0 x(t) \tag{3・14}$$

で表されるシステムは**一次システム**と呼ばれ，そのインパルス応答 $h(t)$ は単位ステップ関数を $u(t)$ とすると

$$h(t) = \frac{b_0}{a_1} e^{-\frac{t}{a_1}} \cdot u(t) \tag{3・15}$$

となります．
また

$$a_2 \frac{d^2}{dt^2} y(t) + a_1 \frac{d}{dt} y(t) + y(t) = b_0 x(t) \tag{3・16}$$

で表されるシステムは**二次システム**と呼ばれます．

> **まとめ**
>
> 連続時間システムは以下のような微分方程式で入出力関係を記述することができます.
>
> $$y(t) + \sum_{k=1}^{n} a_k \frac{d^k}{dt^k} y(t) = b_0 x(t) + \sum_{j=1}^{m} b_j \frac{d^j}{dt^j} x(t)$$

例題 2

次の微分方程式で入出力関係が記述されるシステムのインパルス応答を求めなさい.

$$\frac{dy(t)}{dt} + 3y(t) = x(t)$$

解答 与式は

$$y(t) + \frac{1}{3} \frac{d}{dt} y(t) = \frac{1}{3} x(t)$$

と一次システムとして記述できます.

式(3·15)に示したようにインパルス応答は

$$h(t) = e^{-3t} u(t)$$

となります.

> インパルス応答は3-4節で解説するラプラス変換を用いると容易に導出することができます.

3-3 システムの周波数特性

キーポイント

入力信号の周波数によって出力信号がどのように変化するかに注目しよう．
LTI システムでは
- 入力信号に含まれる周波数が変化することはない
- 入力信号に含まれる周波数によって出力信号の振幅が変化する：振幅特性
- 入力信号に含まれる周波数によって出力信号の位相が変化する：位相特性

システムのインパルス応答 $h(t)$ のフーリエ変換 $H(\omega)$ に着目すると，入力信号に対する出力信号の応答が得られます．

1 正弦波信号に対するシステムの応答

LTI システムでは任意の入力 $x(t)$ に対する出力 $y(t)$ は，そのシステムのインパルス応答 $h(t)$ と $x(t)$ のたたみ込み積分で得られます．そこで，**図 3・7** に示すように入力として式(3・17)のような正弦波信号を加えた際の出力信号がどのようになるかを考えてみましょう．

$$x(t) = e^{j\omega t} \tag{3・17}$$

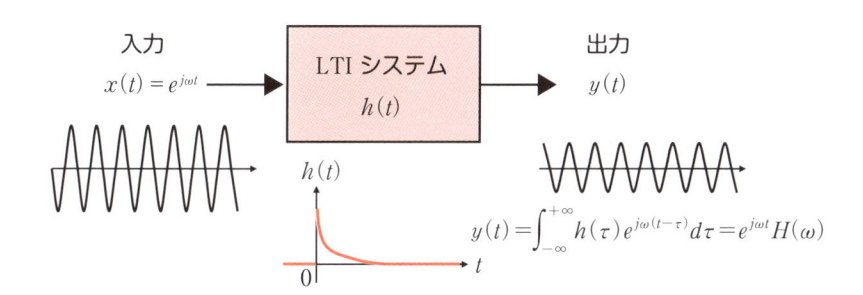

図 3・7 ■ 正弦波信号に対するシステムの応答

このときの出力は式(3・18)のようになります．

$$y(t) = \int_{-\infty}^{+\infty} h(\tau) x(t-\tau) d\tau = \int_{-\infty}^{+\infty} h(\tau) e^{j\omega(t-\tau)} d\tau = e^{j\omega t} \int_{-\infty}^{+\infty} h(\tau) e^{-j\omega\tau} d\tau \tag{3・18}$$

ここで，インパルス応答 $h(\tau)$ のフーリエ変換を $H(\omega)$ と表すと

$$H(\omega) = \int_{-\infty}^{+\infty} h(\tau) e^{-j\omega\tau} d\tau \tag{3・19}$$

出力は
$$y(t) = e^{j\omega t}H(\omega) = x(t)H(\omega) \tag{3・20}$$
となります．すなわち正弦波が入力された場合，出力は入力にLTIシステムのインパルス応答のフーリエ変換を乗じたものであることがわかります．$H(\omega)$は複素数ですので，これを極座標表示すると
$$H(\omega) = A(\omega)e^{j\theta(\omega)} \tag{3・21}$$
となります．これを用いると式(3・20)は
$$y(t) = e^{j\omega t}H(\omega) = A(\omega)e^{j\omega\left(t+\frac{\theta(\omega)}{\omega}\right)} \tag{3・22}$$
となり，角周波数ωの正弦波を入力したときの出力は，角周波数は変化せず，振幅が$A(\omega)$倍，位相差が$-\theta(\omega)/\omega$である正弦波出力となることがわかります．すなわち，システムの出力は入力信号の周波数によって変化します．$H(\omega)$は角周波数ωによって変化するので周波数特性と呼ばれます．極座標表示した際の動径$A(\omega)$は出力の振幅を決定するので周波数振幅特性，偏角$\theta(\omega)$は入力と出力の位相差を表すため周波数位相特性といいます．

2 周期信号に対するシステムの応答

周期Tの周期信号$x_T(t)$はフーリエ級数展開することで次式のように表現できます．
$$x_T(t) = \sum_{n=-\infty}^{+\infty} c_n e^{j\frac{2n\pi}{T}t} \tag{3・23}$$
ここで周期Tに対応した角周波数を$\omega_0 = 2\pi/T$とおくと，式(3・23)は
$$x_T(t) = \sum_{n=-\infty}^{+\infty} c_n e^{jn\omega_0 t} \tag{3・24}$$
となります．周期T，すなわち角周波数ω_0の周期信号$x_T(t)$はその角周波数ω_0のn倍の正弦波信号をそれぞれc_n倍した線形和で表すことができます．

LTIシステムに周期Tの周期信号$x_T(t)$を入力として加えたときの出力は，システムのインパルス応答$h(t)$と$x_T(t)$とをたたみ込み積分することで，次式のように得られます．
$$\begin{aligned}y(t) &= \int_{-\infty}^{+\infty} h(\tau)x_T(t-\tau)d\tau = \int_{-\infty}^{+\infty} h(\tau)\sum_{n=-\infty}^{+\infty} c_n e^{jn\omega_0(t-\tau)}d\tau \\ &= \sum_{n=-\infty}^{+\infty} c_n e^{jn\omega_0 t}\int_{-\infty}^{+\infty} h(\tau)e^{-jn\omega_0\tau}d\tau\end{aligned} \tag{3・25}$$

インパルス応答 $h(\tau)$ のフーリエ変換を $H(\omega)$ と表すと，出力 $y(t)$ は

$$y(t) = \sum_{n=-\infty}^{+\infty} c_n e^{jn\omega_0 t} H(n\omega_0) \tag{3・26}$$

と表せます．これは角周波数 ω_0 の周期信号を構成する n 倍の角周波数 $n\omega_0$ の正弦波信号に対応したそれぞれの周波数特性 $H(n\omega_0)$ に重み c_n を乗じて線形結合させたものであることがわかります．

3 非周期信号に対するシステムの応答

非周期信号 $x(t)$ は，そのフーリエ変換を

$$X(\omega) = \int_{-\infty}^{+\infty} x(\tau) e^{-j\omega\tau} d\tau \tag{3・27}$$

とおくと

$$x(t) = \frac{1}{2\pi} \int_{-\infty}^{+\infty} X(\omega) e^{j\omega t} d\omega \tag{3・28}$$

と表すことができます．

LTI システムに非周期信号 $x(t)$ を入力として加えたときの出力は，システムのインパルス応答 $h(t)$ と $x(t)$ とのたたみ込み積分で，以下のように得られます．

$$y(t) = \int_{-\infty}^{+\infty} h(\tau) x(t-\tau) d\tau = \int_{-\infty}^{+\infty} h(\tau) \frac{1}{2\pi} \int_{-\infty}^{+\infty} X(\omega) e^{j\omega(t-\tau)} d\omega \, d\tau$$

$$= \frac{1}{2\pi} \int_{-\infty}^{+\infty} H(\omega) X(\omega) e^{j\omega t} d\omega \tag{3・29}$$

式 (3・29) は式 (3・28) の $X(\omega)$ を $H(\omega)X(\omega)$ に置き換えたものと同じであることに注意すると，非周期信号 $x(t)$ を入力として加えたときの出力は，インパルス応答 $h(t)$ と入力信号 $x(t)$ それぞれのフーリエ変換 $H(\omega)$ および $X(\omega)$ を乗じたものの逆フーリエ変換が出力 $y(t)$ となっていることがわかります．つまり，$H(\omega)$ と $X(\omega)$ の積が出力のフーリエ変換 $Y(\omega)$ となります．

すなわち，入力信号 $x(t)$ をインパルス応答が $h(t)$ である LTI システムに入力した際に得られる応答である出力 $y(t)$ は，$x(t)$ と $h(t)$ のたたみ込み積分で得られます．$x(t)$, $h(t)$, $y(t)$ のフーリエ変換をそれぞれ $X(\omega)$, $H(\omega)$, $Y(\omega)$ とすると，$Y(\omega)$ は $X(\omega)$ と $H(\omega)$ の積で与えられます．

式で表すと以下のようになります．

$$x(t) \iff X(\omega) \tag{3・30}$$

$$h(t) \iff H(\omega) \tag{3・31}$$

$$y(t) \iff Y(\omega) \tag{3・32}$$

$$y(t)=h(t)*x(t) \iff Y(\omega)=H(\omega)X(\omega) \tag{3・33}$$

これらの関係から非周期信号入力に対する応答が得られます．

まとめ

- LTI システムのインパルス応答 $h(t)$ のフーリエ変換

$$H(\omega) = \int_{-\infty}^{+\infty} h(\tau) e^{-j\omega\tau} d\tau$$

・$H(\omega)$ は周波数特性

・$H(\omega)$ を極座標表示した際の動径 $A(\omega)=|H(\omega)|$ を周波数振幅特性，偏角 $\theta(\omega)=\angle H(\omega)$ を周波数位相特性といいます．

- 正弦波信号を入力した際の応答

$$y(t)=e^{j\omega t}H(\omega)=x(t)H(\omega)$$

- 周期信号を入力した際の応答

$$y(t)=\sum_{n=-\infty}^{+\infty} c_n e^{jn\omega_0 t} H(n\omega_0)$$

- 非周期信号を入力した際の応答

$$y(t)=\frac{1}{2\pi}\int_{-\infty}^{+\infty} H(\omega)X(\omega)e^{j\omega t} d\omega$$

$$y(t)=h(t)*x(t) \iff Y(\omega)=H(\omega)X(\omega)$$

3-4 ラプラス変換

キーポイント

　フーリエ変換の $j\omega$ を $s=\sigma+j\omega$ という複素数に拡張したものをラプラス変換といいます．

　ラプラス変換には線形性，相似性，時間軸推移，時間微分，時間積分などの性質があります．

　ラプラス逆変換は通常はラプラス変換表，ならびに部分分数展開を用いて行います．

　部分分数展開ではヘヴィサイトの方法と呼ばれる方法で展開をすると比較的容易に展開することができます．

1 ラプラス変換の定義

　フーリエ変換は次式のように定義されていました．

$$X(\omega)=\int_{-\infty}^{+\infty} x(t)e^{-j\omega t}dt \tag{3・34}$$

　フーリエ変換において $j\omega$ は虚数ですが，これを $s=\sigma+j\omega$ という複素数に拡張します．**さらに $t<0$ では $x(t)=0$ となる信号のみを対象として考えます．** このとき，式(3・34)は，次式に書き直すことができます．

$$X(s)=\int_{0}^{+\infty} x(t)e^{-st}dt \tag{3・35}$$

　式(3・35)で表される変換を**ラプラス変換**といいます．

　ラプラス変換は $t<0$ のとき $x(t)=0$ であるとします．すなわち，**$t=0$ を起点として現象が始まります**．これは $t<0$ で $x(t)\neq 0$ の信号は取り扱えないというのではなく，**$t<0$ での入力の影響はすべて初期状態 $x(0)$ で表現されている**と考えます．このようにすることで過去の情報はなくてもシステムに何かしらの変化があった時間を起点として，現象を考えることができるようになります．特に起点から現象が定常的な状態になるまでの間を**過渡状態**といい，過渡状態においてシステムから出力される信号を**過渡応答**といいます．

　フーリエ変換は次式(3・36)の条件を満足しない関数に対しては定義できませんでしたが，ラプラス変換は定義することができます．

$$\int_{-\infty}^{+\infty}|x(t)|dt<\infty \tag{3・36}$$

> ラプラス変換は，フーリエ変換の $j\omega$ を $s=\sigma+j\omega$ という複素数に一般化したので式(3・36)を満足しなくても定義できます．

また，$\sigma=0$，すなわち $s=j\omega$ であるときに，ラプラス変換 $X(s)$ が存在するならば

$$X(\omega)=X(s)|_{s=j\omega} \tag{3・37}$$

が成り立ちます．

なお，ラプラス変換は記号 $\mathcal{L}$ を用いて

$$X(s)=\mathcal{L}[x(t)] \tag{3・38}$$

と書き表す場合もあります．

2 ラプラス変換の性質

(1) 線形性

ラプラス変換は線形性を有しており，重ね合わせの理が成り立ちます．したがって次式が成り立ちます．

$$\mathcal{L}[ax(t)+by(t)]=aX(s)+bY(s) \tag{3・39}$$

(2) 相似性

$a>0$ のとき

$$\mathcal{L}[x(at)]=\frac{1}{a}X\left(\frac{s}{a}\right) \tag{3・40}$$

時間軸を a 倍した信号のラプラス変換は s 軸を $1/a$ 倍し，値を $1/a$ 倍したものに等しくなります．

(3) 時間軸推移

$a>0$ のとき

$$\mathcal{L}[x(t-a)]=e^{-as}X(s) \tag{3・41}$$

時間軸を a だけ遅らせた（推移させた）信号のラプラス変換は $x(t)$ のラプラス変換 $X(s)$ に e^{-as} を乗じたものに等しくなります．

また，$a<0$ のとき，次式となります．

$$\mathcal{L}[x(t-a)]=e^{-as}\left\{X(s)+\int_0^{-a}x(t)e^{-st}dt\right\} \tag{3・42}$$

(4) s 軸推移

$$\mathcal{L}[e^{at}x(t)]=X(s-a) \tag{3・43}$$

$x(t)$ に e^{at} を乗じた関数のラプラス変換は s 軸を a だけ推移させた $X(s-a)$ に等しくなります．

(5) 時間微分
- 1階微分
$$\mathcal{L}\left[\frac{d}{dt}x(t)\right]=sX(s)-x(0) \tag{3·44}$$
ここで $x(0)$ は $x(t)$ の $t=0$ での右極限を意味します.
- 2階微分
$$\mathcal{L}\left[\frac{d^2}{dt^2}x(t)\right]=s^2X(s)-sx(0)-\frac{d}{dt}x(0) \tag{3·45}$$
- n 階微分
$$\mathcal{L}\left[\frac{d^n}{dt^n}x(t)\right]=s^nX(s)-\sum_{k=0}^{n-1}s^{n-(k+1)}\frac{d^k}{dt^k}x(0) \tag{3·46}$$

$x(t)$ の n 階微分のラプラス変換は初期値をすべて 0 とすれば,$X(s)$ に s^n を乗じたものに等しくなります.

(6) 時間積分
$$\mathcal{L}\left[\int_0^t x(\tau)d\tau\right]=\frac{1}{s}X(s) \tag{3·47}$$

$$\mathcal{L}\left[\int_0^t\cdots\int_0^t x(\tau)d\tau^n\right]=\frac{1}{s^n}X(s) \tag{3·48}$$

$x(t)$ の微分のラプラス変換が $X(s)$ に s を乗じたのに対し,$x(t)$ の積分のラプラス変換は $X(s)$ に $1/s$ を乗じたものに等しくなります.

(7) たたみ込み積分
$$\mathcal{L}[x(t)*y(t)]=X(s)Y(s) \tag{3·49}$$

$x(t)$ と $y(t)$ のたたみ込み積分 $x(t)*y(t)$ のラプラス変換は,それぞれのラプラス変換 $X(s)$ と $Y(s)$ の積となります.

3 ラプラス変換の例

(1) インパルス信号
インパルス信号 $x(t)=\delta(t)$ のラプラス変換は次式で表せます.
$$X(s)=\mathcal{L}[\delta(t)]=\int_0^\infty \delta(t)e^{-st}dt=1 \tag{3·50}$$

(2) インパルス信号列
$t\geqq 0$ において間隔 T で無限に続くインパルス信号列

$$\delta_T(t) = \sum_{n=0}^{\infty} \delta(t-nT) \tag{3・51}$$

のラプラス変換は次式で表せます．

$$X(s) = \mathcal{L}[\delta_T(t)] = \mathcal{L}\left[\sum_{n=0}^{\infty} \delta(t-nT)\right] = \sum_{n=0}^{\infty} 1 \cdot e^{-nTs} = \frac{1}{1-e^{-Ts}} \tag{3・52}$$

（3）直 流 信 号

直流信号 $x(t) = 1$ のラプラス変換は次式で表せます．

$$X(s) = \mathcal{L}[1] = \int_0^{\infty} 1 \cdot e^{-st} dt = \frac{1}{s} \tag{3・53}$$

（4）指数関数信号

指数関数信号 $x(t) = e^{at}$ のラプラス変換は次式で表せます．

$$X(s) = \mathcal{L}[e^{at}] = \int_0^{\infty} e^{(a-s)t} dt = \frac{1}{s-a} \tag{3・54}$$

（5）正弦波信号

正弦波信号 $x(t) = \sin \omega t$ のラプラス変換は次式で表せます．

$$X(s) = \mathcal{L}[\sin \omega t] = \frac{\omega}{s^2 + \omega^2} \tag{3・55}$$

（6）余弦波信号

余弦波信号 $x(t) = \cos \omega t$ のラプラス変換は次式で表せます．

$$X(s) = \mathcal{L}[\cos \omega t] = \frac{s}{s^2 + \omega^2} \tag{3・56}$$

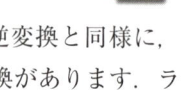

4 ラプラス逆変換

フーリエ変換 $X(\omega)$ から時間関数 $x(t)$ へ変換するフーリエ逆変換と同様に，ラプラス変換 $X(s)$ から時間関数 $x(t)$ に変換するラプラス逆変換があります．ラプラス逆変換は式 (3・57) のように定義されています．

$$x(t) = \mathcal{L}^{-1}[X(s)] = \int_{\sigma-j\omega}^{\sigma+j\omega} X(s) e^{st} ds \tag{3・57}$$

式 (3・57) のように，ラプラス逆変換は複素積分として定義されています．実際にはこの定義式を使ってラプラス逆変換を行うことはほとんどありません．ラプラス逆変換は，ラプラス変換表とラプラス変換の性質を用いて行います．ラプラス変換表を**表 3・1** に示します．

表3・1■ラプラス変換表

時間関数	ラプラス変換
$x(t)$	$X(s)$
$e^{at}x(t)$	$X(s-a)$
$\dfrac{d}{dt}x(t)$	$sX(s)-x(0)$
$\dfrac{d^2}{dt^2}x(t)$	$s^2X(s)-sx(0)-\dfrac{d}{dt}x(0)$
$\delta(t)$	1
$u(t)$：単位ステップ関数	$\dfrac{1}{s}$
$\dfrac{t^n}{n!}e^{at}$	$\dfrac{1}{(s-a)^{n+1}}$
$\cos \omega t$	$\dfrac{s}{s^2+\omega^2}$
$\sin \omega t$	$\dfrac{\omega}{s^2+\omega^2}$

ラプラス逆変換は $X(s)$ を表3・1の変換表にある形に変形して行います．

5 部分分数展開

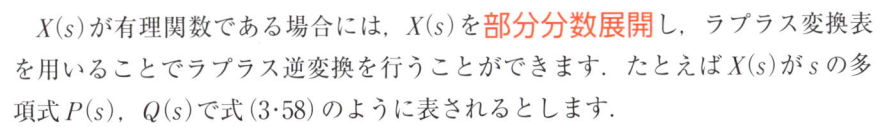

$X(s)$ が有理関数である場合には，$X(s)$ を**部分分数展開**し，ラプラス変換表を用いることでラプラス逆変換を行うことができます．たとえば $X(s)$ が s の多項式 $P(s)$，$Q(s)$ で式 (3・58) のように表されるとします．

$$X(s)=\frac{P(s)}{Q(s)} \tag{3・58}$$

ここで $Q(s)$ の次数が $P(s)$ よりも大きく，$Q(s)=0$ が多重根をもたず

$$Q(s)=(s-a_1)(s-a_2)\cdots(s-a_n) \tag{3・59}$$

と表せるとすると式 (3・58) は式 (3・60) のように展開できます．

$$\frac{P(s)}{Q(s)}=\frac{A_1}{s-a_1}+\frac{A_2}{s-a_2}+\cdots+\frac{A_n}{s-a_n} \tag{3・60}$$

式 (3・60) の A_1 から A_n を求められれば，$X(s)$ は部分分数展開できます．そこで式 (3・61) のように，式 (3・60) の両辺に $(s-a_1)$ を掛けます．

$$\frac{P(s)}{Q(s)}(s-a_1)=\frac{P(s)}{(s-a_2)\cdots(s-a_n)}=A_1+\frac{A_2(s-a_1)}{s-a_2}+\cdots+\frac{A_n(s-a_1)}{s-a_n} \tag{3・61}$$

式 (3·61) で $s=a_1$ とおくと

$$\frac{P(a_1)}{(a_1-a_2)\cdots(a_1-a_n)}=A_1 \qquad (3\cdot62)$$

となり，A_1 を求めることができます．同様に A_2 から A_n は

$$\left.\begin{aligned}A_2&=\frac{P(a_2)}{(a_2-a_1)\cdots(a_2-a_n)}\\&\vdots\\A_n&=\frac{P(a_n)}{(a_n-a_1)(a_n-a_2)\cdots(a_n-a_{n-1})}\end{aligned}\right\} \qquad (3\cdot63)$$

で求めることができます．このようにして部分分数展開の係数を求める方法は**ヘヴィサイトの方法**と呼ばれ，$Q(s)=0$ が多重根をもつ場合でも適用することができます．

部分分数展開された $X(s)$ は表 3·1 を利用して，ラプラス逆変換することができます．

まとめ

- ラプラス変換

$$X(s)=\int_0^{+\infty} x(t)e^{-st}dt=\mathcal{L}[x(t)]$$

- ラプラス逆変換

$$x(t)=\int_{\sigma-j\omega}^{\sigma+j\omega} X(s)e^{st}ds=\mathcal{L}^{-1}[X(s)]$$

ラプラス変換およびラプラス逆変換はラプラス変換表を用います．ラプラス逆変換では，逆変換に適した形になるように部分分数展開を行います．部分分数展開ではヘヴィサイトの方法が有効です．

> ヘヴィサイトの方法を用いると部分分数展開が容易になります．

例題 3

(1) 次の $X(s)$ のラプラス逆変換 $x(t)$ を求めなさい.
$$X(s) = \frac{8s+4}{s(s+1)(s+2)}$$

(2) 次の $X(s)$ のラプラス逆変換 $x(t)$ を求めなさい.
$$X(s) = \frac{2}{s(s^2+2s+2)}$$

解答

(1) 与式を次式(1)のようにおきます.
$$X(s) = \frac{8s+4}{s(s+1)(s+2)} = \frac{A_1}{s} + \frac{A_2}{s+1} + \frac{A_3}{s+2} \tag{1}$$

係数 A_1, A_2, A_3 は以下のように求められます.

$$A_1 = \left. \frac{8s+4}{(s+1)(s+2)} \right|_{s=0} = \frac{4}{1 \cdot 2} = 2 \tag{2}$$

$$A_2 = \left. \frac{8s+4}{s(s+2)} \right|_{s=-1} = \frac{-8+4}{-1 \cdot 1} = 4 \tag{3}$$

$$A_3 = \left. \frac{8s+4}{s(s+1)} \right|_{s=-2} = \frac{-16+4}{-2 \cdot (-1)} = -6 \tag{4}$$

この結果から与式は式(5)のようになります.

$$X(s) = \frac{8s+4}{s(s+1)(s+2)} = \frac{2}{s} + \frac{4}{s+1} - \frac{6}{s+2} \tag{5}$$

式(5)を表3・1を用いてラプラス逆変換すると次式(6)のようになります.

$$\mathcal{L}^{-1}[X(s)] = \mathcal{L}^{-1}\left[\frac{2}{s}\right] + \mathcal{L}^{-1}\left[\frac{4}{s+1}\right] - \mathcal{L}^{-1}\left[\frac{6}{s+2}\right] = 2u(t) + 4e^{-t} - 6e^{-2t} \tag{6}$$

(2) 与式を式(7)のようにおきます.
$$X(s) = \frac{2}{s(s^2+2s+2)} = \frac{A_1}{s} + \frac{A_2 s + A_3}{s^2+2s+2} \tag{7}$$

係数 A_1 は式(7)の両辺に s を掛けて, $s=0$ を代入し, 式(8)のように求められます.

$$A_1 = \left. \frac{2}{s^2+2s+2} \right|_{s=0} = \frac{2}{2} = 1 \tag{8}$$

係数 A_2, A_3 は式(7)の両辺に s^2+2s+2 を掛けて $s^2+2s+2=0$ の根 $s=-1\pm$

j を代入します.

$$A_2 s + A_3 = \left. \frac{2}{s} \right|_{s=-1\pm j} = -1 \mp j = (-1 \pm j) A_2 + A_3 \tag{9}$$

式(9)の実数部と虚数部を比較することによって

$$A_2 = -1, \quad A_3 = -2 \tag{10}$$

が得られます.

以上の結果から式(7)は式(11)のようになります.

$$X(s) = \frac{2}{s(s^2+2s+2)} = \frac{1}{s} - \frac{s+2}{s^2+2s+2} = \frac{1}{s} - \frac{s+1}{(s+1)^2+1} - \frac{1}{(s+1)^2+1} \tag{11}$$

式(11)を表3·1を用いてラプラス逆変換すると式(12)のようになります.

$$\begin{aligned} \mathcal{L}^{-1}[X(s)] &= \mathcal{L}^{-1}\left[\frac{1}{s}\right] - \mathcal{L}^{-1}\left[\frac{s+1}{(s+1)^2+1}\right] - \mathcal{L}^{-1}\left[\frac{1}{(s+1)^2+1}\right] \\ &= u(t) - e^{-t}(\cos t + \sin t) \end{aligned} \tag{12}$$

3-5 伝達関数

キーポイント

システムのインパルス応答 $h(t)$ のラプラス変換 $H(s)$ を伝達関数といいます．

伝達関数 $H(s)$ は入力信号のラプラス変換 $X(s)$ から出力信号のラプラス変換 $Y(s)$ に変換する関数です．

伝達関数 $H(s)$ の s に $j\omega$ を代入すると周波数特性 $H(\omega)$ が得られます．

$H(\omega)$ を極座標表示した際の動径 $A(\omega)=|H(\omega)|$ を周波数振幅特性，偏角 $\theta(\omega)=\angle H(\omega)$ を周波数位相特性といいます．

1 伝達関数

式 (3・6) に示したように，連続時間の LTI システムの入出力関係はインパルス応答 $h(t)$ と入力信号 $x(t)$ のたたみ込み積分で表すことができます．

$$y(t)=\int_{-\infty}^{+\infty}h(\tau)x(t-\tau)d\tau=h(t)*x(t) \tag{3・64}$$

式 (3・64) で $\tau<0$ に着目すると，$x(t-\tau)$ は τ が負の値であるため $x(t-\tau)$ は時間 t よりも未来の入力を表すことになってしまいます．すなわち，未来の入力の値 $x(t-\tau)$ で時間 t での出力 $y(t)$ が決まる，ということになってしまいます．このようなことはあり得ないので

$$h(\tau)=0 \quad (\tau<0) \tag{3・65}$$

となります．式 (3・65) が成り立つのであれば，$h(\tau)$ は $\tau\geqq 0$ の場合のみを対象にすればよいので，式 (3・64) の積分区間を変えて

$$y(t)=\int_{0}^{+\infty}h(\tau)x(t-\tau)d\tau=h(t)*x(t) \tag{3・66}$$

と書き直すことができます．

式 (3・66) をラプラス変換すると，式 (3・49) に示したラプラス変換の性質から，式 (3・67) のように表現することができます．

$$Y(s)=H(s)X(s) \tag{3・67}$$

すなわち，**図 3・8** に示すように，たたみ込み積分で表現される連続時間のLTI システムの入出力関係はラプラス変換することで，インパルス応答のラプラス変換 $H(s)$ と入力信号のラプラス変換 $X(s)$ の積が出力信号のラプラス変換 $Y(s)$ となります．このとき，$H(s)$ は入力から出力に変換する関数であるので，**伝達関数**といいます．

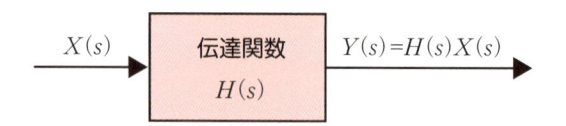

$$X(s) \rightarrow \boxed{\text{伝達関数 } H(s)} \rightarrow Y(s)=H(s)X(s)$$

図3・8 伝達関数

式(3・67)の関係は式(3・68)に書き換えられます．

$$H(s) = \frac{Y(s)}{X(s)} \tag{3・68}$$

2 連続時間システムの伝達関数

連続時間LTIシステムは式(3・69)のような微分方程式で入出力関係を記述できます．

$$y(t) + \sum_{k=1}^{n} a_k \frac{d^k}{dt^k} y(t) = b_0 x(t) + \sum_{j=1}^{m} b_j \frac{d^j}{dt^j} x(t) \tag{3・69}$$

式(3・69)で$x(t)$はシステムへの入力，$y(t)$はシステムの出力を表します．式(3・69)をラプラス変換すると

$$Y(s)\left\{1 + \sum_{k=1}^{n} a_k s^k\right\} + I_y(s) = X(s)\left\{\sum_{j=0}^{m} b_j s^j\right\} + I_x(s) \tag{3・70}$$

となります．ここで$I_x(s)$は入力に関する初期値による項，$I_y(s)$は出力に関する初期値による項を表します．

式(3・70)は

$$Y(s) = \frac{\sum_{j=0}^{m} b_j s^j}{1 + \sum_{k=1}^{n} a_k s^k} X(s) + \frac{1}{1 + \sum_{k=1}^{n} a_k s^k} \{I_x(s) + I_y(s)\} \tag{3・71}$$

と書き換えることができます．式(3・71)は

$$H(s) = \frac{\sum_{j=0}^{m} b_j s^j}{1 + \sum_{k=1}^{n} a_k s^k} \tag{3・72}$$

$$G(s) = \frac{1}{1 + \sum_{k=1}^{n} a_k s^k} \tag{3・73}$$

とおくと

$$Y(s)=H(s)X(s)+G(s)\{I_x(s)+I_y(s)\} \tag{3・74}$$

と表現できます．$H(s)$ は入力 $X(s)$ から出力 $Y(s)$ に変換する伝達関数，$G(s)$ はシステムの初期状態 $I_x(s)+I_y(s)$ が出力 $Y(s)$ に伝達する関数を表します．

伝達関数 $H(s)$ はインパルス応答 $h(t)$ のラプラス変換であるので，**$H(s)$ をラプラス逆変換することでインパルス応答が得られます**．

3 周波数特性

3-3 節で示したように連続時間 LTI システムの周波数特性はインパルス応答 $h(t)$ のフーリエ変換 $H(\omega)$ で与えられます．3-4 節で学んだようにラプラス変換はフーリエ変換の虚数 $j\omega$ を複素数 s に拡張したものでした．ですから，ラプラス変換の s に $j\omega$ を代入するとフーリエ変換したものに等しくなります．式(3・75)のように伝達関数 $H(s)$ の s に $j\omega$ を代入することで周波数特性が得られます．

$$H(\omega)=H(s)|_{s=j\omega} \tag{3・75}$$

$H(\omega)$ は複素数ですが，複素平面上で極座標表示した際の動径 $A(\omega)=|H(\omega)|$ を周波数振幅特性，偏角 $\theta(\omega)=\angle H(\omega)$ を周波数位相特性といいます．

まとめ

連続時間 LTI システムの入出力関係はインパルス応答 $h(t)$ と入力信号 $x(t)$ のたたみ込み積分で表すことができます

$$y(t)=\int_{-\infty}^{+\infty}h(\tau)x(t-\tau)d\tau=h(t)*x(t)$$

連続時間 LTI システムの入出力関係はラプラス変換を適用するとインパルス応答のラプラス変換 $H(s)$ と入力信号のラプラス変換 $X(s)$ の積になります．

$$Y(s)=H(s)X(s)$$

インパルス応答 $h(t)$ のラプラス変換 $H(s)$ を伝達関数といいます．

伝達関数 $H(s)$ の s に $j\omega$ を代入することで周波数特性が得られます．

例題 4

システムが次式で表現されるときの伝達関数を求め,周波数振幅特性および周波数位相特性を求めなさい. ただし, $x(t)$ を入力, $y(t)$ を出力とする.

$$\frac{d}{dt}y(t)+ay(t)=x(t)$$

解答 　与式をラプラス変換します. 伝達関数 $H(s)$ はすべての初期条件が 0 のときのラプラス変換時の $Y(s)/X(s)$ なので

$$sY(s)+aY(s)=X(s) \tag{1}$$

式(1)より,伝達関数 $H(s)$ は式(2)のようになります.

$$H(s)=\frac{Y(s)}{X(s)}=\frac{1}{s+a} \tag{2}$$

$s=j\omega$ を代入することで,周波数特性 $H(\omega)$ が得られます.

$$H(\omega)=\frac{1}{j\omega+a}=\frac{a-j\omega}{a^2+\omega^2} \tag{3}$$

したがって周波数振幅特性 $|H(\omega)|$,周波数位相特性 $\angle H(\omega)$ は

$$|H(\omega)|=\frac{1}{\sqrt{a^2+\omega^2}} \tag{4}$$

$$\angle H(\omega)=-\tan^{-1}\frac{\omega}{a} \tag{5}$$

となります.

練習問題

① 図1に示したインパルス応答 $h(t)$ を有するシステム $S[\,\cdot\,]$ に，図2に示す入力信号 $x(t)$ を加えます．このときの出力 $y(t)$ を求めなさい．

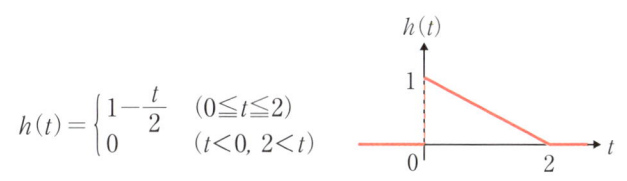

$$h(t) = \begin{cases} 1 - \dfrac{t}{2} & (0 \leq t \leq 2) \\ 0 & (t < 0,\ 2 < t) \end{cases}$$

図1 ■ インパルス応答 $h(t)$

$$x(t) = \begin{cases} 1 & (0 \leq t \leq 1) \\ 0 & (t < 0,\ 1 < t) \end{cases}$$

図2 ■ 入力信号 $x(t)$

② 次の信号 $x(t)$ のラプラス変換 $X(s)$ を求めなさい．
$$x(t) = 5e^{-2t} - 2e^{-5t}$$

③ 次の信号 $x(t)$ のラプラス変換 $X(s)$ を求めなさい．
$$x(t) = e^{-4t}(\sin 3t + \cos 3t)$$

④ 次の $X(s)$ のラプラス逆変換 $x(t)$ を求めなさい．
$$X(s) = \frac{s^2 + 12s + 24}{s^3 + 9s^2 + 26s + 24}$$

⑤ 次の $X(s)$ のラプラス逆変換 $x(t)$ を求めなさい．
$$X(s) = \frac{s + 7}{s^2 + 10s + 29}$$

⑥ システムが次式で表現されるときの伝達関数とそのインパルス応答，周波数振幅特性，周波数位相特性を求めなさい．ただし，$x(t)$ を入力，$y(t)$ を出力とします．

$$\frac{d^2}{dt^2} y(t) + 3 \frac{d}{dt} y(t) + 2y(t) = x(t)$$

⑦ システムが次式で表現されるときの伝達関数とそのインパルス応答を求めな

さい．ただし，$x(t)$ を入力，$y(t)$ を出力とします．
$$4\frac{d^2}{dt^2}y(t)+4\frac{d}{dt}y(t)+2y(t)=x(t)$$

4章

サンプリング定理

　身近な信号である，音声，音響，生体信号や観測波である地震波，レーダはすべてアナログ信号です．アナログ信号をコンピュータやプロセッサなどのディジタル装置で処理する場合には，まず，信号をディジタル信号に変換する必要があります．アナログ信号の多くは時間信号であり，時間軸と振幅軸をもつ信号となりますが，ディジタル信号では，時間軸と振幅軸に対して離散化する必要があります．時間軸方向の離散化をサンプリング（sampling），振幅軸方向の離散化を量子化（quantization）と呼びます．本章では，正しいサンプリングの方法や量子化によって生じる信号の誤差について学習します．

4-1 A-D 変換と D-A 変換

4-2 サンプリング定理

4-3 D-A 変換

4-4 量子化

4-1 A-D変換とD-A変換

キーポイント

　身のまわりの信号はすべてアナログ信号です．ディジタル信号処理を行うためには，まず，アナログ信号からディジタル信号に変換する必要があります．まず，アナログ信号からディジタル信号に変換（A-D変換）する過程について学びましょう．

　本節では，
① A-D変換を構成するサンプリング，量子化，符号化について理解しましょう．
②ディジタル信号処理を行った後に，人が聞いたり，見たりするために，ディジタル信号をアナログ信号へ戻す必要があります．ディジタル信号からアナログ信号への変換（D-A変換）の意味を理解しましょう．

　アナログ信号を有限の精度（ビット長）をもつ時間的に離散的な数列に変換する操作を**アナログ－ディジタル（A-D）変換**（analog-to-digital conversion）と呼び，その機能を実現するデバイスを **A-D変換器**（analog-to-digital converter）といいます．

　A-D変換は次の三つの過程から構成され，その過程を**図4・1**に示します．それぞれの詳細は後述しますので，まずは流れを理解しましょう．

① **サンプリング（標本化）**：連続時間信号を離散時間信号に変換することで，離散時刻において連続時間信号を抜き出す操作です．したがって，サンプラへの入力（アナログ信号）を $x_a(t)$ とすると，出力（サンプル値信号）は $x_a(nT)=x(n)$ となります．ここで，T をサンプリング間隔と呼びます．つまり，T の n 倍の時刻でアナログ信号をサンプリングします．

② **量子化**：離散時間・連続値信号を離散時間・離散値信号に変換する操作です．それぞれのサンプル値は取り得る有限個の値から選ばれます．量子化前のサンプル値 $x(n)$ と量子化された出力 $x_q(n)$ の差を**量子化誤差**（quantization error）と呼びます．

③ **符号化**：符号化の過程によって，離散時間・離散値信号 $x_q(n)$ は b ビットの2進符号で表されます．

補足 ➡ 「サンプリング」：sampling,「量子化」：quantization,「符号化」：encode

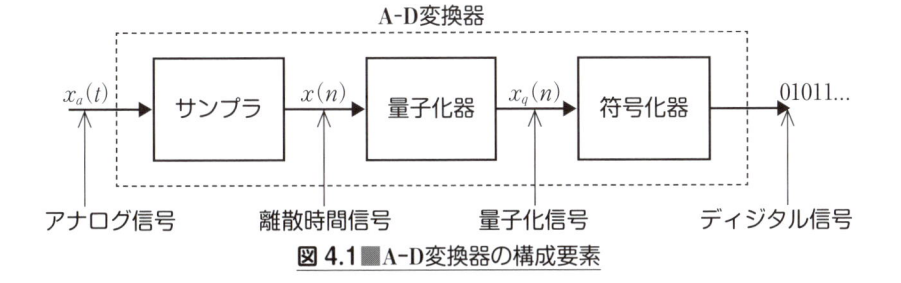

```
           ┌─────────── A-D変換器 ────────────┐
           │                                    │
 $x_a(t)$  │  サンプラ  $x(n)$  量子化器  $x_q(n)$  符号化器  │  01011...
 ────────→ │ ────────  ──────→ ────────  ──────→ ────────  │ ────────→
           │                                    │
 アナログ信号      離散時間信号      量子化信号         ディジタル信号
```

図 4.1 ■ A-D 変換器の構成要素

　図 4·1 に示したように A-D 変換器はサンプラ（sampler），量子化器（quantizer），符号化器（encoder）を構成要素としてモデル化されますが，実際の A-D 変換器はアナログ信号 $x_a(t)$ を入力として出力を 2 進符号とする一つのデバイスです．

　ディジタル装置で処理されたディジタル信号は，我々が聞いたり，見たりするために，アナログ信号に再度変換することを求められます．ディジタル信号からアナログ信号へ変換する過程をディジタル－アナログ（D-A）変換（digital-to-analog conversion）と呼びます．D-A 変換器（digital-to-analog converter）では飛び飛びに与えられている信号間の値を埋める操作，すなわち，補間操作が行われます．その精度は補間の考え方によって決まります．**図 4·2** は D-A 変換の最も簡単な構成として，零次ホールド，すなわち，階段関数近似による補間を示しています．これ以外の近似も可能で，線形近似として，隣接するサンプル値を直線的に繋ぐ双線形補間（bilinear interpolation），隣接する三つのサンプル点を 2 次関数によって結ぶ補間などが考えらます．では，理想的な補間法はどのようなものでしょうか？　このことに関しては後に説明します．

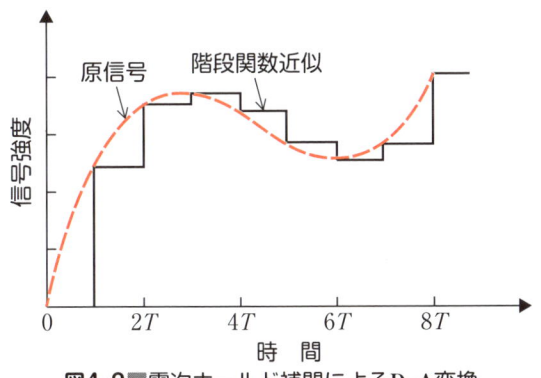

図 4·2 ■ 零次ホールド補間による D-A 変換

この章の以降では，サンプリングについて中心的に扱っていきます．特に，周波数帯域が有限である信号（帯域制限信号）に対しては，サンプリングによって情報の損失もひずみも生じないことを明らかにします．原理的には，サンプリング周波数が**エイリアシング**（aliasing）と呼ばれる問題を避けるように設定されていれば，理想的な補間法（D-A 変換）によってアナログ信号はサンプル列から再構成できるのです．一方，量子化は信号にひずみを与える非可逆な過程です．量子化によって発生する誤差についても本章で細かに検討してみます．

まとめ

　アナログ信号からディジタル信号へ変換する A-D 変換過程は「サンプリング」，「量子化」，「符号化」からなります．また，ディジタル信号からアナログ信号への変換（D-A 変換）は離散時間信号間を埋める補間操作です．

A-D 変換器の用途によるサンプリング周波数とビット長

　現代はディジタルの時代で，信号処理のほとんどがディジタルで行われています．ディジタル信号処理のためにはアナログ信号をディジタル信号に変換する A-D 変換が必要です．以下では，信号処理の種類・用途とサンプリング周波数，ビット長の関係を表にしてみました．

表4・1

信号処理の種類(用途)	サンプリング周波数[Hz]	ビット長[bit]
高速測定器	10 G～10 M	12～6
映像信号処理	150 M～10 M	14～8
マイコン	1 M～10 k	16～8
音声処理	100 k～100	24～18
測定器	1 k～10	22～12

補足➡「エイリアシング」は「エリアジング」「折り返し雑音」と表記されることがあります．

4-2 サンプリング定理

> **キーポイント**
>
> サンプリングすることでアナログ信号の情報が欠損してしまうようでは意味がありません．サンプリングで得られた離散時間信号と元のアナログ信号の情報の関係，すなわち，周波数スペクトルの関係を学びましょう．
> 本節では，
> ① アナログ信号の情報を欠損することなくサンプリングを行うために，サンプリング定理について理解しましょう．
> ② サンプリングが不適当に行われたときの現象であるエイリアシング現象を学び，その弊害を理解しましょう．

1 インパルス列によるサンプリングシステム

図 4·3(a) に示すように，アナログ信号 $x_a(t)$ をサンプリング周期 T でサンプリングすることによって離散時間（サンプル値）信号 $x(n)(=x_a(nT))$ が得られます．ここで，T の逆数である $f_s=1/T$ を**サンプリング周波数** (sampling frequency)，$\omega_s=2\pi/T$ を**サンプリング角周波数**と呼びます．単位はそれぞれ〔Hz〕と〔rad/s〕です．

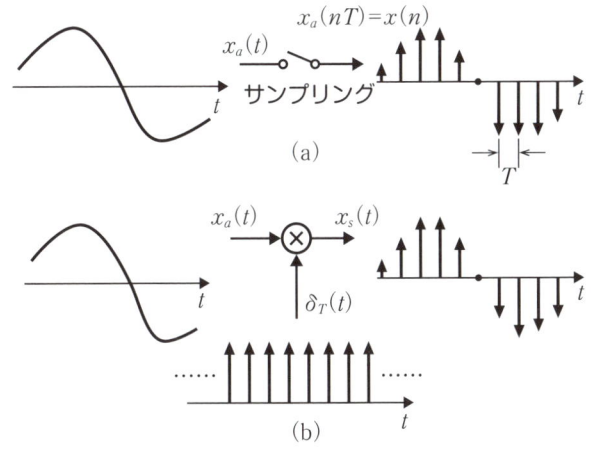

図 4.3 ■ インパルス列によるサンプリングシステム

インパルス列を連続時間信号と見なし，そのインパルス列を用いることで，離散時間信号列 $x(n)$ と等価な連続信号である信号 $x_s(t)$ が

$$x_s(t) = \sum_{n=-\infty}^{\infty} x(n)\delta(t-nT) \tag{4・1}$$

と与えられます．信号 $x_s(t)$ は $x_a(t)$ の時間 T ごとの値を面積としてもつデルタ関数列です．

インパルスの性質からある関数 $\phi(t)$ とデルタ関数 $\delta(t)$ の積 $\phi(t)\delta(t)$ は $\phi(0)\delta(t)$ と等しいことから

$$x_s(t) = x_a(t)\delta_T(t) \tag{4・2}$$

と表現することができます．ここで，$\delta_T(t)$ はインパルス列であり

$$\delta_T(t) = \sum_{n=-\infty}^{\infty} \delta(t-nT) \tag{4・3}$$

です．

すなわち，サンプリングの操作はアナログ信号 $x_a(t)$ とインパルス列 $\delta_T(t)$ との乗算操作で表現できることになります．図 4・3(b) は式 (4・2) と対応したインパルス列を用いたサンプリングシステムを図示したものです．

2 インパルス列のフーリエ変換

サンプリング過程がインパルス列 $\delta_T(t)$ とアナログ信号 $x_a(t)$ との積であることを明らかにしました．離散時間信号 $x(n)$ とアナログ信号 $x_a(t)$ の周波数スペクトルの関係を明らかにするために，まずは，インパルス列 $\delta_T(t)$ の周波数スペクトルを求めてみます．

インパルス列 $\delta_T(t)$ は，周期 T の周期関数ですから，フーリエ級数展開により周波数スペクトルを求めることができます．フーリエ係数 c_n は

$$c_n = \frac{1}{T}\int_{-T/2}^{T/2} \delta_T(t) e^{-jn\omega_s t} dt = \frac{1}{T}\int_{-T/2}^{T/2} \delta(t) e^{-jn\omega_s t} dt = \frac{1}{T} \tag{4・4}$$

となります．したがって，インパルス列 $\delta_T(t)$ のフーリエ級数展開は

$$\delta_T(t) = \frac{1}{T}\sum_{n=-\infty}^{\infty} e^{jn\omega_s t} \tag{4・5}$$

となります．

$\delta_T(t)$ をフーリエ変換すると，式 (4・5) の関係を用いると次式のようになります．

$$\begin{aligned}\int_{-\infty}^{\infty} \delta_T(t) e^{-j\omega t} dt &= \frac{1}{T}\sum_{n=-\infty}^{\infty} \int_{-\infty}^{\infty} e^{jn\omega_s t} \cdot e^{-j\omega t} dt \\ &= \frac{1}{T}\sum_{n=-\infty}^{\infty} \int_{-\infty}^{\infty} e^{-j(\omega-n\omega_s)t} dt = \frac{2\pi}{T}\sum_{n=-\infty}^{\infty} \delta(\omega-n\omega_s)\end{aligned}$$

$$= \omega_s \sum_{n=-\infty}^{\infty} \delta(\omega - n\omega_s) = \omega_s \delta_{\omega S}(\omega) \tag{4・6}$$

すなわち，**図4・4**に示すようにインパルス列 $\delta_T(t)$ のフーリエ変換はインパルス列 $\omega_s \delta_{\omega S}(\omega)$ になります．

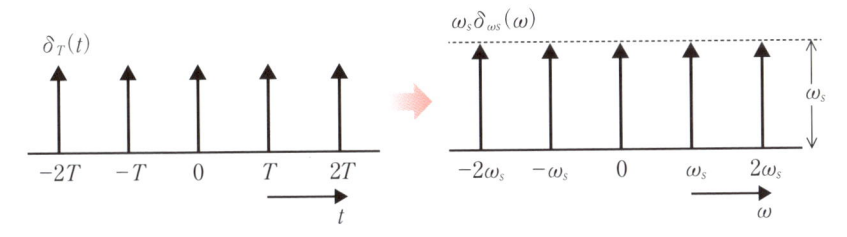

図4・4■インパルス列のフーリエ変換

3 離散時間信号のフーリエ変換

インパルス列のフーリエ変換が式(4・6)であることを導きました．その結果を利用して離散時間信号 $x(n)$ のフーリエ変換を求め，周波数スペクトルを得ることにします．

離散時間信号 $x(n)$ は式(4・1)のように，インパルス列を用いることで連続時間信号 $x_s(t)$ と表現できます．この信号 $x_s(t)$ は式(4・2)のように，アナログ信号 $x_a(t)$ とインパルス列 $\delta_T(t)$ との積となっています．よって，信号 $x_s(t)$ の周波数スペクトル $X_s(\omega)$ は，複素たたみ込み積分を計算することで

$$X_s(\omega) = \frac{1}{2\pi}\{\omega_s \delta_{\omega S}(\omega) * X_a(\omega)\} = \frac{1}{2\pi}\left\{\omega_s \sum_{n=-\infty}^{\infty} \delta(\omega - n\omega_s)\right\} * X_a(\omega)$$

$$= \frac{1}{2\pi}\int_{-\infty}^{\infty}\{\omega_s \sum_{n=-\infty}^{\infty} \delta(u - n\omega_s)\} X_a(\omega - u) du$$

$$= \frac{1}{T}\sum_{n=-\infty}^{\infty} X_a(\omega - n\omega_s) \tag{4・7}$$

と求めることができます．式(4・7)の*は，たたみ込み積分を示すものとします．

式(4・7)から，信号 $x_s(t)$ の周波数スペクトル $X_s(\omega)$ は，サンプリングする前のアナログ信号 $x_a(t)$ の周波数スペクトル $X_a(\omega)$ を間隔 ω_s で周波数軸上に配置した周期 ω_s の周期関数となっています．

4 サンプリング定理

式(4·7)の意味を図によって明らかにしてみましょう．アナログ信号 $x_a(t)$ は角周波数が $-\omega_M$ から ω_M に制限された帯域制限信号で，その周波数スペクトル $X_s(\omega)$ が**図 4·5**(a)であるとします．このとき，$\omega_s > 2\omega_M$ の場合と $\omega_s < 2\omega_M$ の場合に分けて式(4·7)を図示した結果が同図(b)と(c)です．

(a) アナログ信号の周波数スペクトル $X_a(\omega)$

アナログ信号のスペクトルと同じ！

(b) $\omega_s > 2\omega_M$ の場合のスペクトル $X_s(\omega)$

スペクトルが重なっている！

(c) $\omega_s < 2\omega_M$ の場合のスペクトル $X_s(\omega)$

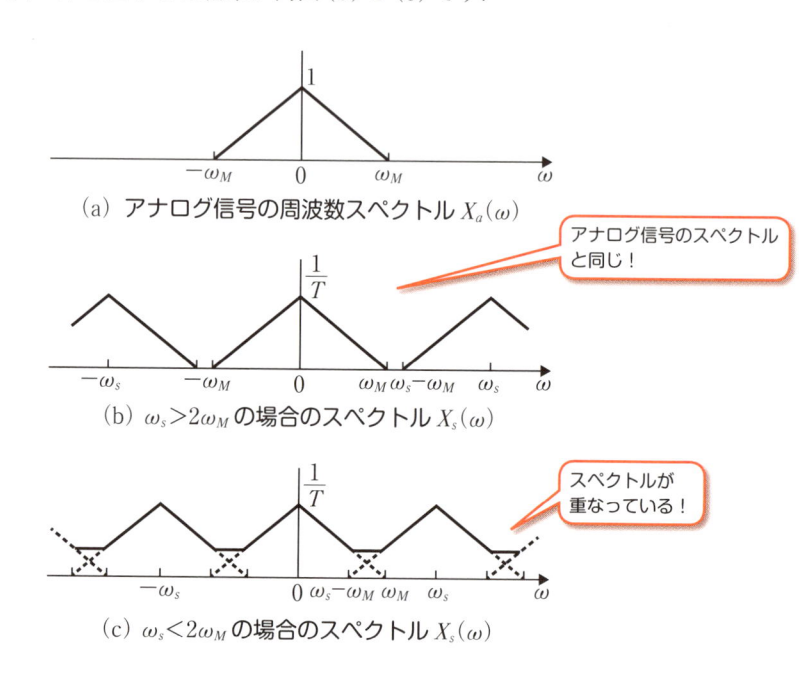

図 4·5 ■ 帯域制限信号とそのサンプリング(離散時間)信号の周波数スペクトル

図 4·5(b)の場合，すなわち，$\omega_s > 2\omega_M$ の条件を満たす場合は，アナログ信号の周波数スペクトル $X_a(\omega)$ が重なりなく周波数軸上に配置されます．一方，$\omega_s < 2\omega_M$ の場合だと同図(c)に示すように周波数スペクトルに重なりが生じてしまいます．正の周波数の初めての重なりの部分の周波数範囲は $(\omega_s - \omega_M) \sim \omega_M$ の範囲で，その部分の周波数スペクトルは重なった二つのスペクトルの和として与えられます．このスペクトルの重なりを<u>エイリアシング</u>(<u>異名現象</u>)と呼びます．D-A 変換の周波数軸上での解釈は $(-\omega_s/2) \sim (\omega_s/2)$ の周波数スペクトル（アナログ信号の周波数スペクトル $X_a(\omega)$ に対応する部分）を抜き出す操作であるこ

とを後述します．よって，周波数スペクトル $X_s(\omega)$ にエイリアシングが生じてそのスペクトル形状が変化した場合は，その周波数スペクトル $X_s(\omega)$ から元のアナログ信号を再生することができません．

以上の検討結果からサンプリング定理（sampling theorem）を導きます．

[サンプリング定理]

アナログ信号 $x_a(t)$ を帯域制限信号であるとします．すなわち，次式の関係を満たします．

$$X_a(\omega)=0 \quad (|\omega|\geqq\omega_M) \tag{4・8}$$

このとき，$x_a(t)$ をサンプリング間隔 $T<\pi/\omega_M$（サンプリング角周波数を $\omega_s>2\omega_M$ またはサンプリング周波数 $f_s>(\omega_M/\pi)=2f_M$ として得られた標本値 $x_a(nT)=x(n)$（n は整数）のみを用いて

$$x_a(t)=\sum_{n=-\infty}^{\infty} x_a(nT)\frac{\sin\{\omega_M(t-nT)\}}{\omega_M(t-nT)} \tag{4・9}$$

と表現できます．これをサンプリング定理と呼びます．

サンプリング定理により，帯域制限されたアナログ信号 $x_a(t)$ の最大周波数 f_M の2倍より大きな周波数でサンプリングを行えば，その離散時間信号 $x_a(nT)=x(n)$ から元のアナログ信号を式(4・9)により復元できることがわかります．このとき，サンプリング定理を満たすか否かの境のサンプリング周波数 $f_s=2f_M$ をその信号のナイキストレート（Nyquist rate）と呼びます．

例題 1

アナログ信号 $x(t)$ $(t\geqq 0)$ をサンプリング角周波数 ω_s でサンプリングして得られた離散時間信号 $x(n)$ $(n=0,1,2,...)$ のスペクトルが**下図**で与えられるとき，$x(2n)$ $(n=0,1,2,...)$ のスペクトルを図示しなさい．

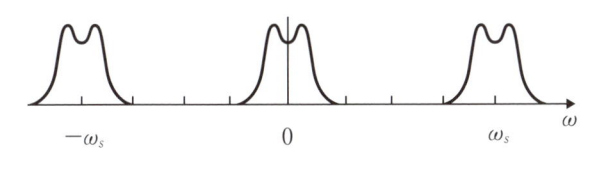

図

解答 $x(2n)$ は $x(n)$ の $n=0,2,4,...$ のように偶数番目のサンプルを抜き出し

た信号です．離散時間信号 $x(n)$ はアナログ信号 $x(t)$ をサンプリング間隔 $T=(2\pi/\omega_s)$ でサンプリングして得られた信号ですから，$x(2n)$ はアナログ信号 $x(t)$ をサンプリング間隔 $2T$ でサンプリングして得られた信号と一致します．サンプリング間隔が2倍になりましたから，サンプリング角周波数は2分の1，すなわち，$\omega_s/2$ となります．周波数スペクトルの周期は ω_s から $\omega_s/2$ となり，$x(2n)$ の周波数スペクトルは**下図**のようになります．

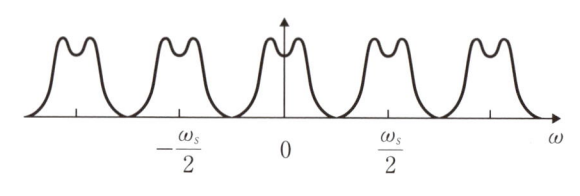

解答図

なお，一般に $x(Mn)$（上記は $M=2$ の場合）のようにサンプリング周波数を整数分の1に低減する操作を**デシメーション**（decimation）と呼びます．逆に，サンプリング周波数を整数倍に上げる操作を**インターポレーション**（interpolation）と呼びます．ディジタルシステムではシステム内にデシメーションやインターポレーションが含まれていて，異なったサンプリング周波数で動作する処理ブロックが存在する場合があります．このようなシステムを**マルチレートシステム**（multirate system）といい，このような処理を**マルチレート信号処理**（multirate signal processing）と呼びます．

例題 2

次の信号のナイキストレートを求めなさい．
(1) $5\cos(100\pi t)+\sin(500\pi t+0.5\pi)$
(2) $\{5\sin(50\pi t)\}^2$

解答　ナイキストレートは信号の最大周波数 f_M の2倍です．
(1)の信号の最大周波数は第2項の正弦波であり，$f_M=\omega/2\pi=500\pi/2\pi=250\,\text{Hz}$ となります．よって，ナイキストレートは $500\,\text{Hz}$ となります．
(2)は三角関数のべき乗の関係から $(1-\cos(2\times50\pi t))/2$ と変形できます．最大

周波数 $f_M=\omega/2\pi=100\pi/2\pi=50\,\mathrm{Hz}$ となり，ナイキストレートは $100\,\mathrm{Hz}$ となります．

6 正弦波信号のサンプリング

サンプリング定理について正弦波信号を例として具体的な説明を行ってみましょう．

角周波数 ω（周波数 f）の正弦波を考えてみましょう．このとき，オイラーの公式を利用すれば，以下のようにフーリエ級数で表現されます．

$$x(t)=2\cos\omega t=2\cos 2\pi ft=e^{j(-2\pi ft)}+e^{j(2\pi ft)} \tag{4・10}$$

この $x(t)$ をサンプリング間隔 $T=1/f_s$ でサンプリングすることを考えます．ここで，f_s はサンプリング周波数を示しています．式(4・10)から，$x(t)$ は周波数 f〔Hz〕と $-f$〔Hz〕にスペクトルをもつことがわかります．よって，サンプリング周波数 f_s〔Hz〕でサンプリングを行った信号のスペクトルは周波数における周期性から $nf_s\pm f$〔Hz〕でピークをもつことになります．

さて，**図4・6**に示す二つの正弦波について考えてみましょう．二つの正弦波の周波数は $(1/8)\,\mathrm{Hz}$ と $(7/8)\,\mathrm{Hz}$ です．それら正弦波を図4・6では $1\,\mathrm{Hz}$ でサンプリングしています．サンプリングの結果は二つの正弦波で全く同じであり，二つの正弦波の区別ができません．このとき，$(1/8)\,\mathrm{Hz}$ の正弦波はサンプリングすることで，$n\pm(1/8)\,\mathrm{Hz}$ でスペクトルのピークをもちます．一方，$(7/8)\,\mathrm{Hz}$ の正弦波をサンプリングすると，$n\pm(7/8)\,\mathrm{Hz}$ にスペクトルのピークをもちます．

$0\,\mathrm{Hz}$ 付近のピークを考えてみましょう．$(1/8)\,\mathrm{Hz}$ の正弦波をサンプリングした離散時間信号は $n\pm 1/8$ においてピークをもつことから，$n=0$ とおくと $\pm(1/8)\,\mathrm{Hz}$，$n=\pm 1$ とおくと $\pm(7/8)\,\mathrm{Hz}$，$\pm(9/8)\,\mathrm{Hz}$ がピーク周波数となることがわかります．次に，$(7/8)\,\mathrm{Hz}$ の正弦波をサンプリングすれば，$n\pm 7/8$ でピークをもつことから，$n=0$ とおくと $\pm(7/8)\,\mathrm{Hz}$ に，$n=\pm 1$ とおくと $\pm(1/8)\,\mathrm{Hz}$ と $\pm(15/8)\,\mathrm{Hz}$ にピークをもつことになります．$(1/8)\,\mathrm{Hz}$ の正弦波のサンプリング信号におけるスペクトル $\pm(9/8)\,\mathrm{Hz}$ は $(7/8)\,\mathrm{Hz}$ の正弦波のサンプリング信号のスペクトルにおいて $n=\pm 2$ とした場合に対応しています（$2-7/8=9/8$，$-2+7/8=-9/8$）．すなわち，$n\pm 1/8$ と $n\pm 7/8$ は全く同じスペクトルピークをもつことを意味しています．

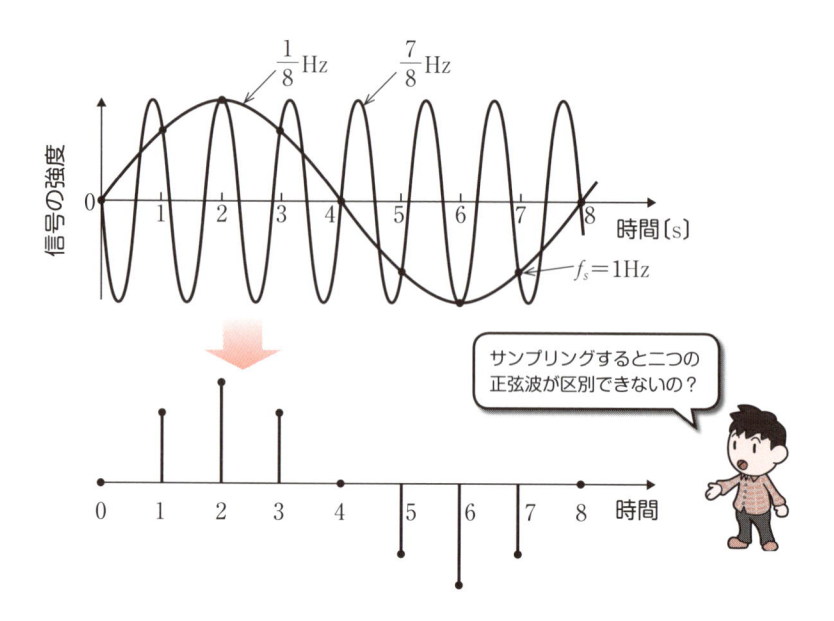

図 4·6 ■異なる正弦波のサンプリング

(1/8) Hz の正弦波はサンプリング定理を満たしていますが，(7/8) Hz の正弦波はサンプリング定理を満たしていません．よって，サンプリング定理に従えば，図 4·6 で得られた離散時間信号からは (1/8) Hz のアナログ信号を再生することはできますが，(7/8) Hz のサンプリング信号は再生できないことを意味しています．

例題 3

正弦波 $x(t) = \cos(200\pi t + \pi/3)$ を 400 Hz でサンプリングして，離散時間信号 $x(n)$ を得ました．このとき，次の問いに答えなさい．

(1) $x(n)$ を求めなさい．

(2) 異なった正弦波 $y(t) = \cos(2\pi f_0 t + \theta)$ を同じように 400 Hz でサンプリングしたとき，$y(n) = x(n)$ となりました．$400 < f_0 < 600$ Hz を満たす $y(t)$ を求めなさい．

解答

(1) サンプリング間隔 $T_s = \dfrac{1}{400}$ だから

$$x(n) = \cos\left(\dfrac{200\pi n}{400} + \dfrac{\pi}{3}\right) = \cos\left(\dfrac{\pi n}{2} + \dfrac{\pi}{3}\right)$$

(2) $y(n) = \cos\left\{\left(\dfrac{2\pi f_0}{400}\right)n + \theta\right\}$ だから，$f_0 = 400 + f_1$ とおくと

$$y(n) = \cos\left\{\left(2\pi n + 2\pi\left(\dfrac{f_1}{400}\right)\right)n + \theta\right\} = \cos\left\{\left(\dfrac{2\pi f_1}{400}\right)n + \theta\right\} = x(n)$$
$$= \cos\left(\dfrac{\pi n}{2} + \dfrac{\pi}{3}\right)$$

よって，$f_1 = 100$ となり $f_0 = 400 + 100 = 500$ Hz，$\theta = \dfrac{\pi}{3}$ となります．

上記の説明に照らし合わせると，$x(t)$ の周波数は 100 Hz なので，$f_s \pm 100 = 300$，500 Hz にスペクトルピークをもつことになります．すなわち，500 Hz の正弦波と 100 Hz の正弦波はサンプリング周波数 400 Hz でサンプリングを行ったときに区別がつかなくなります．

まとめ

　アナログ信号の周波数スペクトルとそのサンプリングした離散時間信号の周波数スペクトルの関係を明らかにしました．その関係から「サンプリング定理」が明らかにされ，サンプリング定理を満たさないサンプリングが行われたときにエイリアシング現象を生じることを示しました．「サンプリング定理」を満たすようなサンプリングを行うことで，アナログ信号の情報はひずみ・欠損なく離散時間信号に変換されることを学びました．

4-3 D-A変換

キーポイント

- ディジタル信号処理を終えた後，ディジタル信号からアナログ信号へ変換（D-A変換）する必要があります．その D-A 変換の意味を知ることで，D-A 変換が理想低域通過フィルタ処理を意味することを学びましょう．
- 理想低域通過フィルタ処理を時間領域で実行するためにはインパルス応答が必要です．このインパルス応答をサンプリング関数と呼びます．
- 理想低域通過フィルタ処理は時間領域において実現不可能であることを学びましょう．そして，実際の D-A 変換過程ではサンプリング関数を近似したインパルス応答が利用されていることを知りましょう．

本節では，離散時間信号 $x(n)$ から元のアナログ信号 $x_a(t)$ に戻す過程である D-A 変換について学びましょう．

サンプリング定理を満たしたサンプリングによって得られた離散時間信号の周波数スペクトルは，図 4・5(b)のようにスペクトルに重なりがなく，アナログ信号の周波数スペクトル $X_a(\omega)$ が周期的に配置されます．そこで，**図 4・7** に示すように，その周期スペクトル $X_a(\omega)$ に対して $-\omega_c \sim \omega_c$ を通過域とする理想低域通過フィルタを用いることで，アナログ信号の周波数スペクトル $X_a(\omega)$ のみを取り出すこと，すなわち，アナログ信号 $x_a(t)$ を再生することができます．ここで，ω_c はカットオフ周波数と呼ばれ，$\omega_M < \omega_c < \omega_s - \omega_M$ を満たすように設定する必要があります．以上から，理想的な D-A 変換とは離散時間信号 $x(n)(=x_s(t))$ に対して理想低域通過フィルタ処理を行うことを意味します．この処理は離散時間信号の有限のサンプル点からその間の信号を埋める補間操作と解釈できます．

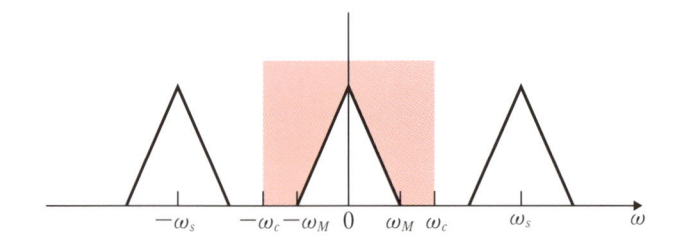

図 4・7 ■ D-A 変換の周波数領域での解釈

理想低域通過フィルタのインパルス応答 $h(t)$ を求めてみましょう．そのインパルス応答と離散時間信号 $x_s(t)$ のたたみ込み積分を行うことで，アナログ信号 $x_a(t)$ を得ることができます．

理想低域通過フィルタの周波数スペクトル $H(\omega)$ は，サンプリングによって周波数スペクトルの振幅が $1/T$ 倍されているので

$$H(\omega)=\begin{cases} T & (|\omega|\leq\omega_c) \\ 0 & (|\omega|>\omega_c) \end{cases} \tag{4・10}$$

と与えられます．ここで T はサンプリング間隔を意味します．この周波数スペクトルを逆フーリエ変換することで，インパルス応答 $h(t)$ が得られます（パルス信号のフーリエ変換については 2-6 節例題 10 参照）．

$$h(t)=\frac{1}{2\pi}\int_{-\infty}^{\infty}H(\omega)e^{j\omega t}dt=\frac{\omega_c T}{\pi}\cdot\frac{\sin\{\omega_c(t-nT)\}}{\omega_c(t-nT)} \tag{4・11}$$

この関数は**サンプリング関数**（sampling function）と呼ばれます．そして，アナログ信号 $x_a(t)$ は

$$x_a(t)=h(t)*x_s(t)=\sum_{n=-\infty}^{\infty}x_a(nT)\cdot\frac{\omega_c T}{\pi}\cdot\frac{\sin\{\omega_c(t-nT)\}}{\omega_c(t-nT)} \tag{4・12}$$

と求まることになります．なお，式 (4・12) においてカットオフ周波数を $\omega_c=\omega_M$ とカットオフ周波数に課せられた条件の最小値に設定し，サンプリング間隔 $T=1/2f_M$ とすれば，サンプリング定理で与えられる式 (4・9) と一致することになります．いま，$\omega_c=\omega_s/2>\omega_M$ として，式 (4・12) の補間手続きを図示すると**図 4・8** となります．

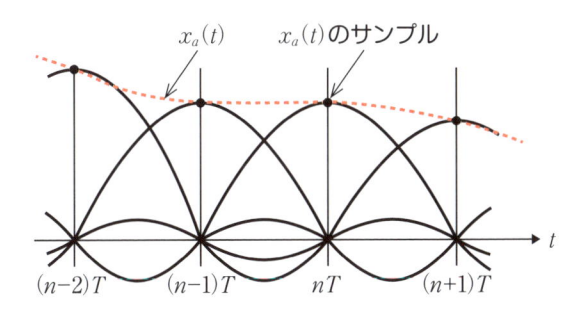

図 4・8 ■ 理想低域通過フィルタによる D-A 変換

式(4·11)で得られるサンプリング関数はインパルス応答が$-\infty \sim \infty$に渡っていて，実現不可能なフィルタです．よって，実際はサンプリング関数を有限長で近似した関数でD-A変換が行われることになります．最も簡単な方法が図4·2に示した零次ホールド補間によるD-A変換といえます．サンプリング関数を近似して得た補間関数による代表的な補間法として3次たたみ込み（cubic）補間を挙げることができます．3次たたみ込み補間は画像処理の分野では双線形補間法とともに最も利用されている補間法です．

まとめ

　D-A変換過程が理想低域通過フィルタ処理であることを明らかにしました．理想低域通過フィルタのインパルス応答がサンプリング関数ですが，インパルス応答が無限長であり，実現不可能です．そこで，実際の場ではサンプリング関数を近似した関数によりD-A変換は行われます．

4-4 量子化

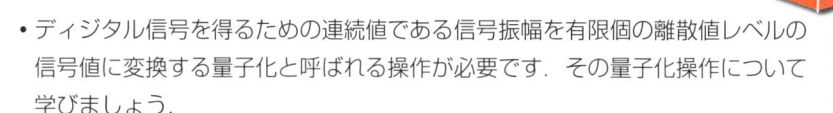

キーポイント

- ディジタル信号を得るための連続値である信号振幅を有限個の離散値レベルの信号値に変換する量子化と呼ばれる操作が必要です．その量子化操作について学びましょう．
- 量子化には二つの方式があります．その二つの方式である「丸め量子化」と「切捨て量子化」について具体的な操作を学びましょう．
- 量子化によって信号には誤差（量子化誤差）が生じます．その誤差と量子化の精度について理解しましょう．

1 量子化誤差

4-1 節で説明したように，**ディジタル信号は数列であり，その数値は有限長の 2 進数で表します**．そして，連続な振幅の値をもつ離散時間信号値を有限長 2 進数のディジタル信号に変換する過程が量子化です．連続値である振幅値を有限個の離散値レベルに近似することにより発生する誤差を**量子化誤差**と呼んでいます．

ここで，連続振幅値をもつ離散時間信号 $x(n)$ に対する量子化操作を $Q[x(n)]$ と記述し，$x_q(n)$ を量子化器の出力である量子化されたサンプル列を表すものとします．すなわち

$$x_q(n) = Q[x(n)] \tag{4・13}$$

量子化誤差 $e_q(n)$ は実際のサンプル値と量子化された値との差として次式で定義されます．

$$e_q(n) = x_q(n) - x(n) \tag{4・14}$$

2 量子化過程

ここでは例を用いて，量子化過程を説明してみましょう．離散時間信号

$$x(n) = \begin{cases} (0.9)^n & (n \geq 0) \\ 0 & (n < 0) \end{cases}$$

を考えます．この信号は**図 4・9**(a)に示すようにアナログ信号 $x_a(t) = 0.9^t (t \geq 0)$ をサンプリング周波数 $f_s = 1\,\text{Hz}$ でサンプリングすることによって得られる信号です．**表 4・2** に離散時間信号 $x(n)$ の最初の 10 個のサンプル値を示しています．

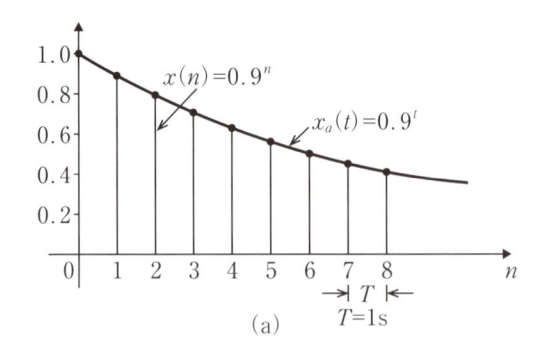

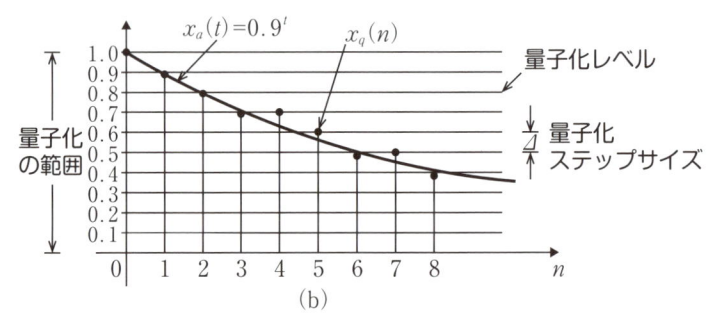

図 4·9 ■ 丸め量子化過程

表 4·2 ■ 有効けたが 1 けたの切捨て，丸め量子化

n	$x(n)$ 離散時間信号	$x_q(n)$ 切捨て	$x_q(n)$ 丸め	$e_q(n)$ 切捨て	$e_q(n)$ 丸め
0	1	1.0	1.0	0.0	0.0
1	0.9	0.9	0.9	0.0	0.0
2	0.81	0.8	0.8	-0.01	-0.01
3	0.729	0.7	0.7	-0.029	-0.029
4	0.6561	0.6	0.7	-0.0561	0.0439
5	0.59049	0.5	0.6	-0.09049	0.00951
6	0.531441	0.5	0.5	-0.031441	-0.031441
7	0.4782969	0.4	0.5	-0.0782969	0.0217031
8	0.43046721	0.4	0.4	-0.03046721	-0.03046721
9	0.387420489	0.3	0.4	-0.087420489	0.012579511

この表から，$x(n)$ を表すためには有効数字 n けたが必要であることがわかります．電卓やディジタルコンピュータなどでは有効けた数が決まっているため，$x(n)$ の n が大きくなれば正確な演算はできなくなります．

有効けたを上回る精度の数字に対しては有効けたに収める操作が必要となり，切捨て（truncation）を行うか，あるいは，丸め（rounding）を行う必要が生じます．表4・1では，有効けたが1けたである場合の切捨てと丸めの結果を記しています．図4・9(b)には丸め量子化操作の様子を示しています．ディジタル信号として許されるサンプル値を量子化レベル（quantization level）と呼び，隣り合う量子化レベル間の幅 Δ を量子化ステップサイズと呼びます．丸め量子化とは，それぞれのサンプル値を最も近い量子化レベルに当てはめる方式です．一方，切捨て量子化とは，それぞれのサンプル値の値をその値に最も近く，その値以下の量子化レベルにあてはめることです．丸め量子化では，量子化誤差 $e_q(n)$ は $-\Delta/2 \sim \Delta/2$ の範囲に制限され，一方，切捨て量子化の場合は量子化誤差の範囲は $-\Delta \sim 0$ となります．よって，量子化誤差分布の中心値は丸め量子化では0ですが，切捨て量子化では -0.5Δ となり，バイアスをもつことになります．直感的にもバイアスをもたない丸め量子化が有利であることがわかります．例における丸め量子化誤差と切捨て量子化誤差を表4・1に示しました．

3 ダイナミックレンジ・量子化レベル

離散時間信号 $x(n)$ の定義域（ダイナミックレンジでもある）を $x_{\min} \sim x_{\max}$ とすれば，量子化レベル数を L とすると，量子化ステップサイズは

$$\Delta = \frac{x_{\max} - x_{\min}}{L-1} \tag{4・15}$$

となります．図4・9の例では $x_{\min}=0$，$x_{\max}=1$，そして $L=11$ ですから $\Delta=0.1$ となります．

上述したように，丸め量子化誤差の平均値が0，切捨て量子化誤差の平均値は量子化ステップサイズ Δ を用いて -0.5Δ となります．表4・2の例に対して計算してみると，丸め量子化誤差は -0.0013 で，切捨て量子化誤差が -0.041 であり，ほぼ，理論通りになっていることがわかります．なお，量子化誤差の範囲は丸め量子化であっても切捨て量子化であっても Δ となります．よって，信号のダイナミックレンジが固定されている場合，量子化レベル L を増加させれば，量子

化ステップサイズは小さくなり，量子化誤差が減少することで量子化操作の精度が高くなります．日常的に計算手段として使っているパソコンなどでは，量子化レベル数を十分に大きくとることで，量子化誤差を無視できる量にしています．

まとめ

　量子化過程について学び，「丸め量子化」と「切捨て量子化」の二つの方式を理解しました．それぞれの量子化によって生じる誤差分布の性質（平均値や分布長）を理解することで，量子化レベル数（ディジタル信号のビット長と等価）を増やすことで量子化操作の精度も向上することを学びました．

練習問題

① アナログ信号 $x(t)$ に含まれる最大周波数が 100 Hz のとき，次の信号のナイキストレートを求めなさい．
 (1) $y(t) = x(t) + ax(t-1)$
 (2) $z(t) = x(t)\cos(200\pi t)$

② $x(t) = \sin(200\pi t - \pi/3)$ を 1 000 Hz でサンプリングして，離散時間信号 $x(n)$ を得た．別の信号 $\sin(2\pi f_0 t + \theta)$ で，$1\,000 < f_0 < 1\,500$ Hz を満たし，1 000 Hz でサンプリングすると $x(n)$ と一致する f_0 と θ を求めなさい．

③ 連続時間信号 $x(t) = (0.8)^t\,(t \geqq 0)$ をサンプリング周波数 $f_s = 0.5$ Hz でサンプリングして得られる離散時間信号 $x(n)\,(n=0,1,2,...)$ を量子化ステップサイズ $\varDelta = 0.2$ で丸め量子化した．このとき，$n = 0 \sim 4$ の範囲で量子化誤差 $e_q(n)$ を求め，さらに，その平均値を計算しなさい．

5章

離散時間信号の
フーリエ解析

　2章では，連続時間の信号に対してフーリエ変換を行うことにより，その信号のスペクトルを求めることができました．本章では，飛び飛びの時刻における振幅値を数列にした離散時間信号を改めて定義し，それに対するフーリエ変換である離散時間フーリエ変換を学びます．離散時間フーリエ変換で得られるスペクトルは，連続関数となります．スペクトルを計算機で扱うために，離散化したスペクトルを離散時間信号から得るためのフーリエ解析として離散フーリエ変換を導入します．

5-1　離散時間信号

5-2　離散時間フーリエ変換

5-3　いろいろな離散時間信号を離散時間フーリエ変換してみよう

5-4　離散フーリエ変換

5-5　いろいろな離散時間信号を離散フーリエ変換してみよう

5-1 離散時間信号

キーポイント
- 離散時間信号を標本値の数列として定義します．
- 代表的な離散時間信号について学びます．

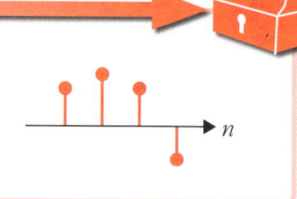

1 離散時間信号とは

4章で学んだように，連続時間信号 $x_a(t)$ を標本化した信号 $x_s(t)$ は

$$x_s(t) = \sum_{n=-\infty}^{\infty} x_a(nT)\delta(t-nT) \tag{5・1}$$

と記述されました．この標本化された信号は，連続時間信号として取り扱いました．ここで，標本値 $x(nT)$ を取り出してできる数列を

$$x(n) = x_a(nT) \tag{5・2}$$

として定義し，離散時間信号と呼びます．離散時間信号は，整数 n に対して値 $x(n)$ が定まっている数列であることを意識しておきましょう．

2 単位インパルス信号

$n=0$ で振幅が 1，$n \neq 0$ で振幅が 0 である離散時間信号を単位インパルス信号と呼び，$\delta(n)$ と表記します．

$$\delta(n) = \begin{cases} 1 & (n=0) \\ 0 & (n \neq 0) \end{cases} \tag{5・3}$$

単位インパルス信号を**図 5・1** に示します．単位インパルス信号は，原点（$n=0$）における振幅が無限大ではなく，1 であることに注意してください．

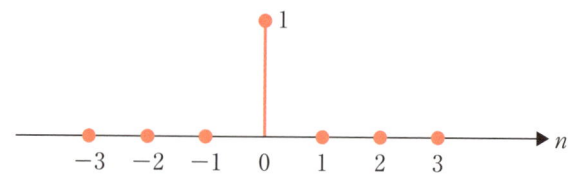

図 5・1■単位インパルス信号

3 正弦波信号

角周波数が Ω である離散時間の正弦波信号および余弦波信号はそれぞれ

  正弦波信号：$x(n) = \sin(\Omega n)$ (5・4)

  余弦波信号：$x(n) = \cos(\Omega n)$ (5・5)

と記述されます．離散時間の場合は，角周波数を大文字の Ω で記述します．

離散時間の正弦波信号は，角周波数が 2π の整数倍だけ増加しても変化しません．このことは次のように確かめることができます．

$$\sin((\Omega + 2\pi k)n) = \sin(\Omega n + 2\pi kn) = \sin(\Omega n) \quad (k:整数) \quad (5・6)$$

離散時間の正弦波信号は，角周波数が大きくなっても，振動が激しくなるのではなく，元の離散信号に周期的に戻っていきます．これは，連続時間の正弦波信号と大きく異なる点です．したがって，正弦波信号の角周波数は，2π の範囲だけで考えればよいということになります．通常，その範囲を $-\pi \leq \Omega \leq \pi$ あるいは $0 \leq \Omega \leq 2\pi$ とします．

正弦波信号の例を**図 5・2** に示します．

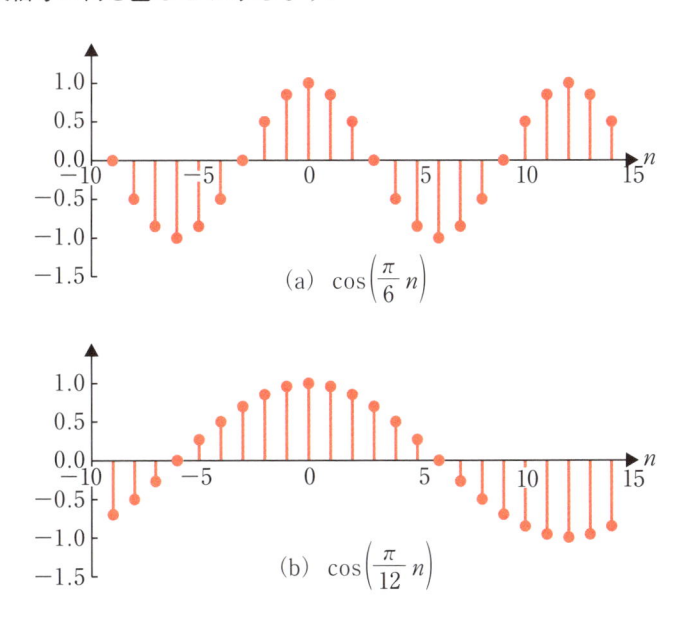

(a) $\cos\left(\dfrac{\pi}{6} n\right)$

(b) $\cos\left(\dfrac{\pi}{12} n\right)$

図 5・2 ■ 正弦波信号の例

4 複素正弦波信号

角周波数がΩである離散時間の複素正弦波信号は

$$x(n) = e^{j\Omega n} \tag{5・7}$$

と記述されます．オイラーの公式を使えば，次式の関係が成り立ちます．

$$e^{j\Omega n} = \cos(\Omega n) + j\sin(\Omega n) \tag{5・8}$$

すなわち，複素正弦波信号は，実部が余弦波信号，虚部が正弦波信号からなる複素数の数列となります．離散時間の複素正弦波信号の角周波数も$-\pi \leqq \Omega \leqq \pi$あるいは$0 \leqq \Omega \leqq 2\pi$の範囲で考えます．

まとめ

連続時間信号$x_a(t)$から$t=nT$の時刻の振幅値$x_a(nT)$を取り出した数列$x(n)$を離散時間信号といいます．

5-2 離散時間フーリエ変換

キーポイント
- 離散時間信号のスペクトルを求める離散時間フーリエ変換を導きます．
- その基本的な性質について学びましょう．

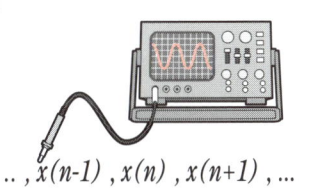

$\ldots, x(n-1), x(n), x(n+1), \ldots$

1 離散時間フーリエ変換を導こう

連続時間の標本化信号 $x_s(t)$ を直接フーリエ変換してみましょう．以下のように計算できます．

$$\begin{aligned} X_s(\omega) &= \int_{-\infty}^{\infty} \sum_{n=-\infty}^{\infty} x_a(nT)\delta(t-nT)e^{-j\omega t}dt \\ &= \sum_{n=-\infty}^{\infty} x_a(nT) \int_{-\infty}^{\infty} \delta(t-nT)e^{-j\omega t}dt \\ &= \sum_{n=-\infty}^{\infty} x_a(nT)e^{-j\omega nT} = \sum_{n=-\infty}^{\infty} x(n)e^{-j\omega nT} \end{aligned} \tag{5.9}$$

> フーリエ変換の式は式(2·83)で確認しよう．

> $e^{-j\omega t}$ の $t=nT$ の値が取り出される．

この結果は，離散時間信号 $x(n)$ からも $X_s(\omega)$ を計算できることを示しています．$X_s(\omega)$ は，式(4·7)で示したように，連続時間信号 $x_a(t)$ のスペクトル $X_a(\omega)$ が周期 $\omega_s(=2\pi/T)$ で周期化された

$$X_s(\omega) = \frac{1}{T}\sum_{k=-\infty}^{\infty} X_a(\omega-k\omega_s) \tag{5.10}$$

になっています．つまり，離散時間信号からでも元の連続時間信号のスペクトルを求めることができることを示しています．

ここで，$\Omega = \omega T$ を導入しましょう．このとき，式(5·9)の右辺にある $e^{-j\omega nT}$ は離散時間の複素正弦波信号 $e^{-j\Omega n}$ となります．式(5·9)の右辺で計算されるスペクトルは Ω の関数となるので，$X(\Omega)$ として定義すれば

$$X(\Omega) = \sum_{n=-\infty}^{\infty} x(n)e^{-j\Omega n} \tag{5.11}$$

を得ることができます．

> n は整数だけど Ω は実数だね．

式(5·11)の変換式を**離散時間フーリエ変換**（discrete-time Fourier transform：DTFT）といいます．$X(\Omega)$ を離

散時間信号 $x(n)$ の周波数スペクトル（あるいは単にスペクトル）と呼びます．スペクトル $X(\Omega)$ は，周期 2π の周期関数となります．

$X(\Omega)$ は，$X_s(\omega)$ を $1/T$ 倍伸長したスペクトル $X_s(\omega/T)$ に相当します．$-\pi \leqq \Omega \leqq \pi$ の範囲では，$X(\Omega)$ は $(1/T)X(\omega)$ を $1/T$ 倍伸長したスペクトル $(1/T)X(\omega/T)$ に相当します（**図 5・3**）．

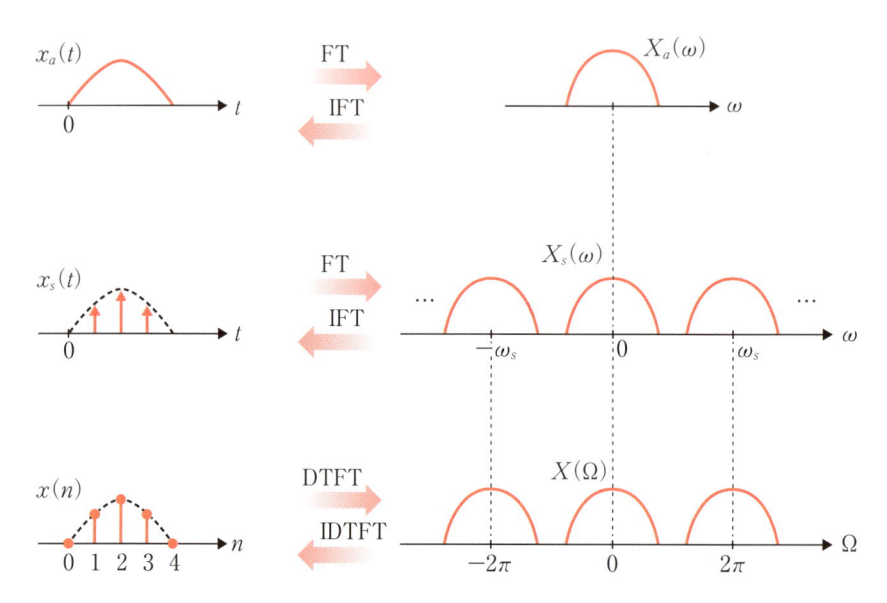

図 5・3 ■ フーリエ変換と離散時間フーリエ変換の関係

$X(\Omega)$ は一般に複素数ですので，それを極形式

$$X(\Omega) = |X(\Omega)|e^{j\mathrm{Arg}\,X(\Omega)} \tag{5・12}$$

で表現できます．$|X(\Omega)|$ は $X(\Omega)$ の絶対値であり，振幅スペクトルといいます．$\mathrm{Arg}\,X(\Omega)$ は $X(\Omega)$ の偏角であり，位相スペクトルといいます．

逆に $X(\Omega)$ から $x(n)$ を計算するには

$$x(n) = \frac{1}{2\pi}\int_{-\pi}^{\pi} X(\Omega)e^{j\Omega n}d\Omega \tag{5・13}$$

を行います．これを**逆離散時間フーリエ変換**（inverse DTFT：**IDTFT**）といいます．離散時間信号 $x(n)$ とその離散時間フーリエ変換 $X(\Omega)$ の一対一の関係を $x(n) \longleftrightarrow X(\Omega)$ と記述します．

例題 1

式 (5·13) を示しなさい.

解答 式 (5·13) の右辺に式 (5·11) を代入して計算すると

$$\frac{1}{2\pi}\int_{-\pi}^{\pi}X(\Omega)e^{j\Omega n}d\Omega = \frac{1}{2\pi}\int_{-\pi}^{\pi}\sum_{k=-\infty}^{\infty}x(k)e^{-j\Omega k}e^{j\Omega n}d\Omega$$

$$= \frac{1}{2\pi}\sum_{k=-\infty}^{\infty}x(k)\int_{-\pi}^{\pi}e^{j\Omega(n-k)}d\Omega$$

$$= \frac{1}{2\pi}x(n)2\pi = x(n) \tag{5·14}$$

$$\int_{-\pi}^{\pi}e^{j\Omega(n-k)}d\Omega = \begin{cases}2\pi & (k=n)\\ 0 & (k\neq n)\end{cases}$$

を得ます. よって, 式 (5·13) が示されました.

2 離散時間フーリエ変換で成り立つ性質

離散時間フーリエ変換では, いくつか重要な性質が成り立ちます. 以下では, $x(n) \longleftrightarrow X(\Omega)$, $y(n) \longleftrightarrow Y(\Omega)$ であるとします.

(1) 線形性

$$ax(n)+by(n) \longleftrightarrow aX(\Omega)+bY(\Omega) \quad (a と b は実数) \tag{5·15}$$

二つの信号を重ね合わせた信号の DTFT は, 元の信号の DTFT の重ね合わせになります. すなわち, 重ね合わせと DTFT の順序を変更することができます.

(2) 信号の実数値性

信号 $x(n)$ が実数値をもつとき

$$X(-\Omega) = X(\Omega)^* \tag{5·16}$$

が成り立ちます. ただし, $X(\Omega)^*$ は $X(\Omega)$ の共役を表します. したがって, 振幅スペクトルは偶関数, 位相スペクトルは奇関数となります.

(3) 時間シフト

$$x(n-d) \longleftrightarrow X(\Omega)e^{-j\Omega d} \tag{5·17}$$

d サンプル遅れた (あるいは $-d$ サンプル進んだ) 信号の DTFT は, 元の信号の DTFT に $e^{-j\Omega d}$ が乗算されたスペクトルになります. このとき, $X(\Omega)e^{-j\Omega d} = |X(\Omega)|e^{j(\mathrm{Arg}X(\Omega)-\Omega d)}$ となるので, 振幅スペクトルは変化せず, 位相スペクトルが $-\Omega d$ だけ変化することがわかります.

（4）周波数シフト

$$x(n)e^{j\Omega_0 n} \longleftrightarrow X(\Omega-\Omega_0) \tag{5・18}$$

信号に角周波数 Ω_0 の離散時間の複素正弦波信号を掛け算すると，そのDTFTが移動することを示しています．

（5）たたみ込み和

$$\sum_{k=-\infty}^{\infty} x(n-k)y(k) \longleftrightarrow X(\Omega)Y(\Omega) \tag{5・19}$$

$\sum_{k=-\infty}^{\infty} x(n-k)y(k)$ を $x(n)$ と $y(n)$ のたたみ込み和といいます．$x(n)*y(n)$ と表記することもあります．二つの信号のたたみ込み和は，それらのDTFTの積に対応します．この性質は，離散時間線形時不変システムにおいて重要な役割を果たします．

（6）パーセバルの公式

$$\sum_{n=-\infty}^{\infty} |x(n)|^2 = \frac{1}{2\pi}\int_{-\pi}^{\pi} |X(\Omega)|^2 d\Omega \tag{5・20}$$

左辺は，離散時間信号のエネルギーを表しています．そのエネルギーが，振幅スペクトルの2乗の積分値となることを示しています．$1/(2\pi)|X(\Omega)|^2$ は，角周波数 Ω におけるエネルギーの周波数分布を表しているので，エネルギースペクトル密度と呼びます．

まとめ

離散時間フーリエ変換により，離散時間信号 $x(n)$ のスペクトル $X(\Omega)$ を求めることができます．

$$X(\Omega) = \sum_{n=-\infty}^{\infty} x(n)e^{-j\Omega n}$$

逆離散時間フーリエ変換により，$X(\Omega)$ から $x(n)$ を求めることができます．

$$x(n) = \frac{1}{2\pi}\int_{-\pi}^{\pi} X(\Omega)e^{j\Omega n} d\Omega$$

5-3 いろいろな離散時間信号を離散時間フーリエ変換してみよう

キーポイント

- 代表的な離散時間信号の離散時間フーリエ変換を求めて，その計算に慣れましょう．
- 離散時間フーリエ変換の性質を利用した計算方法を身につけましょう．

本節では，例題を通じていろいろな離散時間信号の離散時間フーリエ変換を行ってみましょう．

1 単位インパルス信号

例題 2

単位インパルス信号の DTFT を計算しなさい．

解答 定義式（5・11）に従って計算します．

> $\delta(n)$ は $n=0$ のときだけ 1 をもつ．

$$\delta(n) \longleftrightarrow \sum_{n=-\infty}^{\infty} \delta(n) e^{j\Omega n} = e^0 = 1 \tag{5・21}$$

この結果，単位インパルス信号の DTFT は 1 になることがわかりました（**図**）．

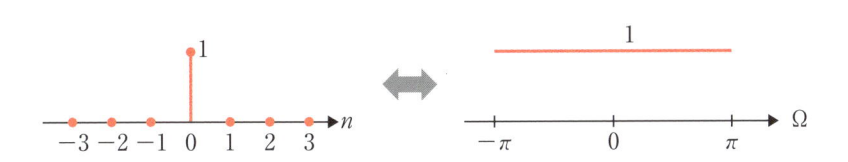

図■単位インパルス信号とそのDTFT

2 正弦波信号

例題 3

正弦波と余弦波の DTFT を計算しなさい．

解答 $X(\Omega)=2\pi\delta(\Omega)$ の IDTFT を考えてみよう．その結果を $x(n)$ とすると

$$x(n)=\frac{1}{2\pi}\int_{-\pi}^{\pi}2\pi\delta(\Omega)e^{j\Omega n}d\Omega=1 \tag{5・22}$$

（$e^{j\Omega n}$ の $\Omega=0$ のときの値が取り出される．）

となります．したがって

$$1 \longleftrightarrow 2\pi\delta(\Omega) \tag{5・23}$$

を得ます．これに対して，周波数シフトの性質を適用すると

$$e^{\pm j\Omega_0 n} \longleftrightarrow 2\pi\delta(\Omega\mp\Omega_0) \quad (\text{復号同順}) \tag{5・24}$$

が成り立つことがわかります．オイラーの公式より

$$\sin(\Omega_0 n)=\frac{(e^{j\Omega_0 n}-e^{-j\Omega_0 n})}{2j} \tag{5・25}$$

$$\cos(\Omega_0 n)=\frac{(e^{j\Omega_0 n}+e^{-j\Omega_0 n})}{2} \tag{5・26}$$

（DTFT の性質とオイラーの公式を利用しよう．）

が成り立つので，DTFT の線形性より

$$\sin(\Omega_0 n) \longleftrightarrow -j\pi\delta(\Omega-\Omega_0)+j\pi\delta(\Omega+\Omega_0) \tag{5・27}$$

$$\cos(\Omega_0 n) \longleftrightarrow \pi\delta(\Omega-\Omega_0)+\pi\delta(\Omega+\Omega_0) \tag{5・28}$$

が得られます．

図に $\cos(\pi/6)n$ とその DTFT の例を示します．

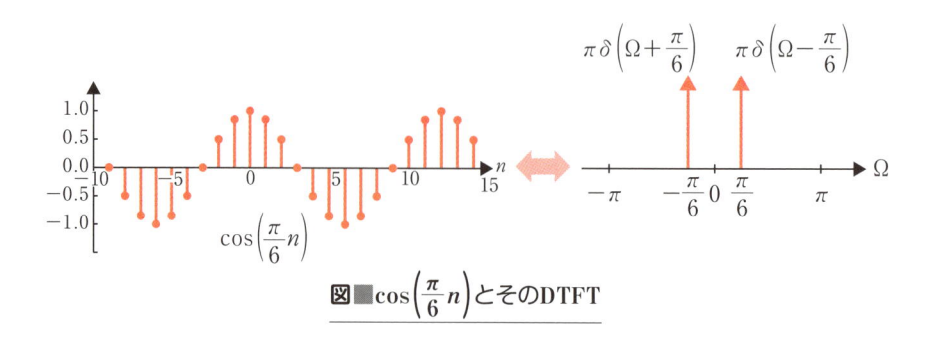

図■ $\cos\left(\dfrac{\pi}{6}n\right)$ とその DTFT

3 パルス

例題 4

次式のパルス信号 $x(n)$ (図) の DTFT を求めなさい.

$$x(n) = \begin{cases} 1 & (n=-1, 0, 1) \\ 0 & (その他) \end{cases} \tag{5・29}$$

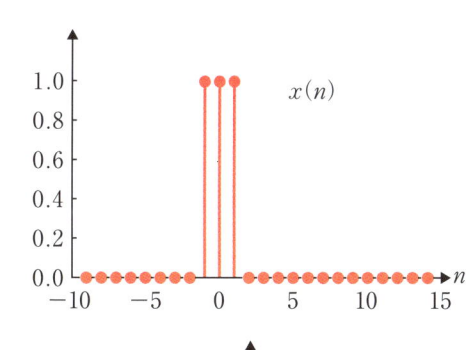

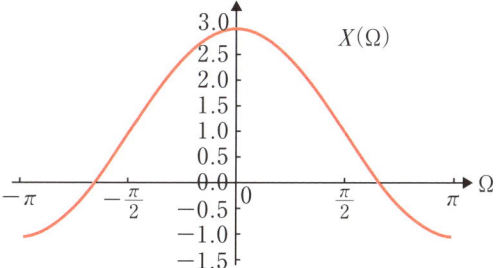

図■パルス信号とそのDTFT

解答 定義式 (5・11) に従って計算します. （オイラーの公式）

$$X(\Omega) = \sum_{n=-\infty}^{\infty} x(n) e^{-j\Omega n} = e^{j\Omega} + 1 + e^{-j\Omega} = 1 + 2\cos\Omega \tag{5・30}$$

4 指数信号

例題 5

次式の指数信号 $x(n)$ の DTFT を求めなさい．その結果を使って振幅スペクトルと位相スペクトルを計算しなさい．

$$x(n) = \begin{cases} (0.5)^n & (n \geq 0) \\ 0 & (n < 0) \end{cases} \tag{5・31}$$

解答 定義式 (5・11) に従って計算すると

$$X(\Omega) = \sum_{n=0}^{\infty} (0.5)^n e^{-j\Omega n} = \sum_{n=0}^{\infty} (0.5 e^{-j\Omega})^n = \frac{1}{1 - 0.5 e^{-j\Omega}} \tag{5・32}$$

を得ます．次に，$X(\Omega)$ の実部と虚部を以下のように計算します．

$$X(\Omega) = \frac{1}{1 - 0.5 e^{-j\Omega}} = \frac{1}{1 - 0.5 \cos \Omega + j 0.5 \sin \Omega} \tag{5・33}$$

$$= \frac{1 - 0.5 \cos \Omega - j 0.5 \sin \Omega}{(1 - 0.5 \cos \Omega)^2 + (0.5 \sin \Omega)^2} \tag{5・34}$$

これにより

$$|X(\Omega)| = \frac{1}{\sqrt{(1 - 0.5 \cos \Omega)^2 + (0.5 \sin \Omega)^2}} \tag{5・35}$$

$$\mathrm{Arg}\, X(\Omega) = \tan^{-1} \left(\frac{-0.5 \sin \Omega}{1 - 0.5 \cos \Omega} \right) \tag{5・36}$$

となります．

図に指数信号とその DTFT，振幅スペクトルおよび位相スペクトルを示します．

> 振幅スペクトルは偶関数，位相スペクトルは奇関数になっていることも確認できます．

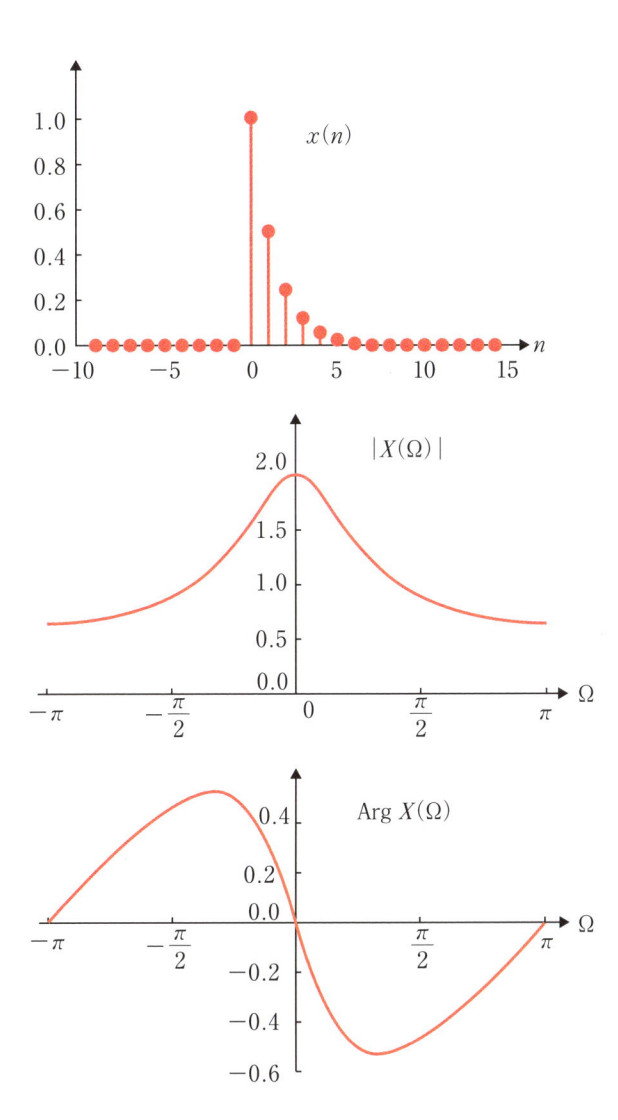

図■指数信号とそのDTFT

5-4 離散フーリエ変換

キーポイント
- 離散時間信号から標本化されたスペクトルを求める離散フーリエ変換を導きます．
- その基本的な性質について学びましょう．

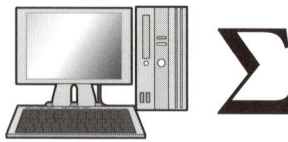

1 離散フーリエ変換を導こう

　離散時間信号の DTFT を計算すると，連続のスペクトルが得られました．このスペクトルを計算機で処理するためには，スペクトルの標本化が必要となります．スペクトルを標本化すると，標本化定理の項で述べた原理と同様に，時間領域の離散時間信号が周期化されます．その結果，時間領域の信号も周波数領域のスペクトルも離散の周期データとなります．この両者のデータ間の変換が離散フーリエ変換およびその逆変換です．それでは，これらの変換を導いてみましょう．

　$x[n]$ が $0 \leq n \leq N-1$ の範囲に制限された N 点の離散時間信号であるとします．その DTFT である $X(\Omega)$ を標本化します．標本化間隔は，$2\pi/N$ とします．すなわち，一周期 2π が N 等分されるように $\Omega = 2\pi k/N$ において標本化します．このとき，式 (5・11) は，次のように表すことができます．

$$X\left(\frac{2\pi k}{N}\right) = \sum_{n=0}^{N-1} x[n] e^{-j2\pi kn/N} \tag{5・37}$$

ここで，標本値を $X[k] = X(2\pi k/N)$ と定義すると

$$X[k] = \sum_{n=0}^{N-1} x[n] e^{-j2\pi kn/N} \tag{5・38}$$

の関係を得ることができます．離散時間信号から，スペクトルの離散データを計算するための変換を表しています．この変換を**離散フーリエ変換**（discrete Fourier transform：**DFT**）といいます．$x[n]$ の長さである N を明示する場合は，N 点 DFT と呼びます．

　$X[k]$ を離散時間信号 $x[n]$ の周波数スペクトル（あるいは単にスペクトル）と呼びます．$X[k]$ は N の周期をもっていますので，$k = 0, 1, ..., N-1$ の範囲を考えればよいことになります．$x[n]$ も同じ N の周期をもつことに注意しましょう．

$X[k]$ は一般に複素数ですので，それを極形式

$$X[k] = |X[k]|e^{j\mathrm{Arg}\,X[k]} \tag{5・39}$$

で表現できます．$|X[k]|$ は $X[k]$ の絶対値であり，振幅スペクトルといいます．$\mathrm{Arg}\,X[k]$ は $X[k]$ の偏角であり，位相スペクトルといいます．

逆に $X[k]$ から $x[n]$ に変換するための式は，次のようになります．

$$x[n] = \frac{1}{N}\sum_{k=0}^{N-1} X[k]e^{j2\pi kn/N} \tag{5・40}$$

この変換を**逆離散フーリエ変換（IDFT）**と呼びます．離散時間信号 $x[n]$ とその離散フーリエ変換 $X[k]$ の一対一の関係を $x[n] \longleftrightarrow X[k]$ と記述します．

例題 6

式 (5・40) を示しなさい．

解答　式 (5・40) の右辺に式 (5・38) を代入して計算すると

$$\begin{aligned}\frac{1}{N}\sum_{k=0}^{N-1} X[k]e^{j2\pi kn/N} &= \frac{1}{N}\sum_{k=0}^{N-1}\sum_{m=0}^{N-1} x[m]e^{-j2\pi km/N}e^{j2\pi kn/N} \\ &= \frac{1}{N}\sum_{k=0}^{N-1}\sum_{m=0}^{N-1} x[m]e^{j2\pi k(n-m)/N} \\ &= \frac{1}{N}\sum_{m=0}^{N-1} x[m]\left\{\sum_{k=0}^{N-1} e^{j2\pi k(n-m)/N}\right\} \end{aligned} \tag{5・41}$$

を得ます．ここで，$m=n$ のとき，{ } の中の値は

$$\sum_{k=0}^{N-1} e^{j2\pi k(n-m)/N} = \sum_{k=0}^{N-1} e^0 = N \tag{5・42}$$

となります．$m \neq n$ のときは　　　　　　　　　　　$e^{j2\pi(n-m)}=1$

$$\sum_{k=0}^{N-1} e^{j2\pi k(n-m)/N} = \frac{1-e^{j2\pi(n-m)}}{1-e^{j2\pi(n-m)/N}} = \frac{1-1}{1-e^{j2\pi(n-m)/N}} = 0 \tag{5・43}$$

したがって

$$\frac{1}{N}\sum_{k=0}^{N-1} X[k]e^{j2\pi kn/N} = \frac{1}{N}x[n]N = x[n] \tag{5・44}$$

となり，式 (5・40) が示されました．

2 離散フーリエ変換で成り立つ性質

離散フーリエ変換で成り立つ重要な性質を示します.以下では,$x[n] \longleftrightarrow X[k]$,$y[n] \longleftrightarrow Y[k]$ とします.ただし,離散時間信号の長さを N とします.

$x[n]$ には,$x[0], x[1], ..., x[N-1]$ の N 点の値がありますが,$n=0,1,...,N-1$ の範囲外にも周期的に値があるものとして考えなければなりません.たとえば,仮に $x[-4]$ が必要となった場合は,$x[N-4]$ の値を用います.時間シフトやたたみ込み和においては,常にこのような操作を前提としています.前者を巡回時間シフト,後者を巡回たたみ込み和と呼んで区別します.$X[k]$ についても同様です.

(1) 線 形 性
$$ax[n]+by[n] \longleftrightarrow aX[k]+bY[k] \quad (a \text{ と } b \text{ は実数}) \tag{5・45}$$
重ね合わせと DFT の順序を変更できることを意味しています.

(2) 信号の実数値性
信号 $x[n]$ が実数値をもつとき
$$X[N-k]=X[k]^* \tag{5・46}$$
が成り立ちます.したがって,$k=N/2$ に関して,振幅スペクトルは偶関数,位相スペクトルは奇関数となります.

(3) 巡回時間シフト
$$x[n-d] \longleftrightarrow X[k]e^{-j2\pi kd/N} \tag{5・47}$$
周期性を考慮した上での時間シフトを巡回時間シフトをいいます.d だけ巡回時間シフトした離散時間信号の DFT は,元の信号の DFT に $e^{-j2\pi kd/N}$ が乗算されたものになります.

(4) 巡回たたみ込み和
$$\sum_{m=0}^{N-1} x[m]y[n-m] \longleftrightarrow X[k]Y[k] \tag{5・48}$$
周期性を考慮した上でのたたみ込み和である $\sum_{m=0}^{N-1} x[m]y[n-m]$ を巡回たたみ込み和といいます.通常のたたみ込み和と区別して $x[n] \circledast y[n]$ と表記します.二つの離散時間信号の巡回たたみ込み和の DFT は,それぞれの離散時間信号の DFT の積になることを示しています.

(5) パーセバルの公式
$$\sum_{n=0}^{N-1} |x[n]|^2 = \frac{1}{N} \sum_{k=0}^{N-1} |X[k]|^2 \tag{5・49}$$

左辺は，離散時間信号のエネルギーを表しています．そのエネルギーが，振幅スペクトルの2乗の和となることを示しています．$(1/N)|X[k]|^2$ をエネルギースペクトル密度と呼びます．

（6）高速フーリエ変換

　N 点の離散時間信号に対する DFT あるいは IDFT の計算には，N^2 回の乗算が必要です．もし，N が 2 のべき乗であるとすると，乗算回数を $(N/2)\log N$ までに減らす方法があります．それを高速フーリエ変換（first Fourier transform：FFT）と呼びます．FFT はコンピュータによる DFT に常套的に用いられています．もし，N が 2 のべき乗でない場合は，離散時間信号に零のデータを追加して調整します．

まとめ

　離散フーリエ変換により，長さ N の離散時間信号 $x[n]$ のスペクトル $X[k]$ を求めることができます．

$$X[k] = \sum_{n=0}^{N-1} x[n] e^{-j2\pi kn/N}$$

　逆離散フーリエ変換により，スペクトル $X[k]$ から $x[n]$ を求めることができます．

$$x[n] = \frac{1}{N} \sum_{k=0}^{N-1} X[k] e^{j2\pi kn/N}$$

> どちらの計算も $\sum$（シグマ）の計算を使います．

5-5 いろいろな離散時間信号を離散フーリエ変換してみよう

キーポイント
- 代表的な離散時間信号の離散フーリエ変換を求めて，その計算に慣れましょう．
- 離散フーリエ変換の性質を利用した計算方法を身につけましょう．

$x[n]$
$\{1,0,0,0\}$ → 変換 → $X[k]$ $\{1,1,1,1\}$

長さ N の $x[n]$ には，$x[0], x[1], ..., x[N-1]$ の値があります．値を明記する場合は，信号 $x[n]$ を

$$x[n] = \{x[0], x[1], ..., x[N-1]\} \tag{5.50}$$

と表記することにします．$X[k]$ についても同様の表記を使います．

例題 7

次の二つの信号 $x_1[n]$ と $x_2[n]$ の DFT を求めなさい．ただし，信号の長さを 4 とします．

$$x_1[n] = \{1,0,0,0\} \tag{5.51}$$
$$x_2[n] = \{1,1,1,0\} \tag{5.52}$$

解答 定義式 (5.38) に従って計算します．

$$X_1[k] = \sum_{n=0}^{3} x_1[n] e^{-j2\pi kn/4} = 1 \cdot e^0 = \{1,1,1,1\} \tag{5.53}$$

$$X_2[k] = \sum_{n=0}^{3} x_2[n] e^{-j2\pi kn/4} = 1 \cdot e^{-j(2\pi \cdot 0/4)k} + 1 \cdot e^{-j(2\pi \cdot 1/4)k} + 1 \cdot e^{-j(2\pi \cdot 2/4)k}$$
$$= 1 + (-j)^k + (-1)^k$$
$$= \{3, -j, 1, j\} \tag{5.54}$$

DFT の実数値性が成り立っていることも確認できます．たとえば，$X_2[3] = X_2[1]^*$ が成り立っています．

> $X_2[1]$ の計算ができたら，その結果の共役を使って，$X_2[3]$ を求めることができます．

例題 8

次の信号の DFT を求めなさい．ただし，信号の長さを N とします．
$$x[n] = \{1, 1, 0, ..., 0, 1\} \tag{5・55}$$

解答

$$X[k] = 1 + e^{-j2\pi k/N} + e^{-j2\pi k(N-1)/N}$$
$$= 1 + e^{-j2\pi k/N} + e^{j2\pi k/N} = 1 + 2\cos(2\pi k/N) \tag{5・56}$$

（オイラーの公式）

例題 9

次の二つの信号 $x_1[n]$ と $x_2[n]$ の DFT を求めなさい．また，巡回たたみ込み和 $x_1[n] \circledast x_2[n]$ を求め，その DFT が $x_1[n]$ と $x_2[n]$ の DFT の積になっていることを確かめなさい．ただし，信号の長さを 4 とします．
$$x_1[n] = \{1, 1, 0, 0\}, x_2[n] = \{1, 2, 0, 0\} \tag{5・57}$$

解答 $X_1[k]$ と $X_2[k]$ を式 (5・38) に従って計算すると

$$X_1[k] = \sum_{n=0}^{3} x_1[n] e^{-j2\pi kn/4} = 1 + (-j)^k = \{2, 1-j, 0, 1+j\} \tag{5・58}$$

$$X_2[k] = \sum_{n=0}^{3} x_1[n] e^{-j2\pi kn/4} = 1 + 2(-j)^k = \{3, 1-2j, -1, 1+2j\} \tag{5・59}$$

となります．$x_3[n] = x_1[n] \circledast x_2[n]$ とし，定義式に従って計算します．$x_3[0]$ は次のようになります．

$$\begin{aligned}x_3[0] &= \sum_{m=0}^{3} x_1[m] x_2[-m] \\ &= x_1[0]x_2[0] + x_1[1]x_2[-1] + x_1[2]x_2[-2] + x_1[3]x_2[-3] \\ &= x_1[0]x_2[0] + x_1[1]x_2[3] + x_1[2]x_2[2] + x_1[3]x_2[1] \\ &= 1 \cdot 1 + 1 \cdot 0 + 0 \cdot 0 + 0 \cdot 2 = 1 \end{aligned} \tag{5・60}$$

以下，同様に計算すれば
$$x_3[n] = \{1, 3, 2, 0\} \tag{5・61}$$
となります．この DFT は
$$X_3[k] = 1 + 3(-j)^k + 2(-1)^k = \{6, -1-3j, 0, -1+3j\} \tag{5・62}$$

と計算できます.$X_1[k]$ と $X_2[k]$ の積を計算してみると

$$X_1[k]X_2[k] = \{2\cdot 3, (1-j)(1-2j), 0\cdot(-1), (1+j)(1+2j)\}$$
$$= \{6, -1-3j, 0, -1+3j\} \tag{5・63}$$

となり,$X_3[k]$ と一致することがわかります.

練習問題

① 次の離散時間信号 $x(n)$ の DTFT を求めなさい.

(1) $x(n) = \delta(n-2)$

(2) $x(n) = \cos\left(\dfrac{\pi}{3}n\right)$

(3) $x(n) = \begin{cases} 1 & (n=0, 1, 2) \\ 0 & (その他) \end{cases}$

(4) $x(n) = a^{|n|} \quad (0 < a < 1)$

② 次の DTFT をもつ離散時間信号 $x(n)$ を求めなさい.

(1) $X(\Omega) = \delta(\Omega + \pi/2) + \delta(\Omega - \pi/2)$

(2) $X(\Omega) = \cos\Omega$

(3) $X(\Omega) = \begin{cases} 1 & (|\Omega| \leqq \Omega_c) \\ 0 & (その他) \end{cases}$

(4) $X(\Omega) = \dfrac{3}{3 - e^{-j\Omega}}$

③ 次の離散時間信号 $x[n]$ の DFT を求めなさい.

(1) $x[n] = \{0, 1, 2, 3\}$

(2) $x[n] = \{1, 1, -1, -1\}$

(3) $x[n] = \{1/2, 1, 1/2, 0, 0, 0, 0, 0\}$

④ 離散時間信号 $x[n] = \{1, 1, 0, 0\}$ 同士の巡回たたみ込み和を DFT と IDFT を利用して求めなさい.

6章

離散時間システム

前章では，離散時間信号の分析手法について学びました．本章では，離散時間信号の処理・加工を目標に，離散時間システムについて学びます．

まず，離散時間システムを定義し，その性質について学び，任意の入力に対するシステムの出力の計算方法であるたたみ込みについて習得します．さらに因果性や安定性といったシステムの概要にふれた後，システムの構造を考慮して，離散時間システムを FIR システムと IIR システムの2種類に分類します．また，周波数軸上でのシステム表現として周波数特性について学ぶとともに，ラプラス変換の離散時間版である z 変換を導出します．以上の準備を経て，離散時間システムの設計で重要な役割を担う伝達関数，極，零点について習得し，最終的にディジタル信号処理システムの中核をなすディジタルフィルタについて学びます．

6-1 離散時間システムの性質

6-2 離散時間システムの差分方程式表現

6-3 離散時間システムの周波数特性

6-4 z 変換

6-5 伝達関数

6-6 ディジタルフィルタ

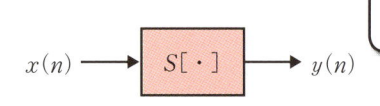

6-1 離散時間システムの性質

キーポイント

ディジタル信号処理技術は離散時間システム上で動作します．そのため，離散時間システムの性質を理解し，任意の入力に対する出力の計算方法を習得する必要があります．離散時間システムでは，線形性と時不変性の二つの重要な性質を用います．その性質を用いれば，出力を計算するために，連続時間システムと同様にインパルス応答と入力のたたみ込み演算を用いればよいことが導けます．さらにインパルス応答を用いれば，システムの安定性と因果性という重要な性質を知ることができます．

1 離散時間システム

本章では特に断らない限り，周波数を考えるときは，サンプリング周波数を1 Hzに正規化した正規化周波数として扱います．正規化周波数以外で考える場合は，本章の内容の時間軸を実際のサンプリング周波数で縮小，周波数軸を実際のサンプリング周波数で伸張すれば，そのまま扱うことができます．

(1) 入出力関係

図 6・1 に示すように離散時間信号 $x(n)$ を入力したとき，離散時間信号 $y(n)$ を出力するものを**離散時間システム**と呼びます．

（3章の図3・1と同じかたちだね．）

図 6・1 ■離散時間システム

ここで，連続時間システムと同様に $x(n)$ と $y(n)$ の関係を

$$y(n) = S[x(n)] \tag{6・1}$$

と書きます．たとえば，$x(n)$ が雑音を含む音声，$y(n)$ が雑音を除去した音声の場合は，$S[\cdot]$ は $x(n)$ に対して，雑音を除去する操作を表します．

(2) 線形時不変システム

$y_1(n) = S[x_1(n)]$，$y_2(n) = S[x_2(n)]$ のとき，定数 a, b に対して

$$y(n) = S[ax_1(n) + bx_2(n)] \tag{6・2}$$

$$= aS[x_1(n)] + bS[x_2(n)] \tag{6・3}$$

$$= ay_1(n) + by_2(n) \tag{6・4}$$

が成り立つとき，$S[\cdot]$を**線形システム**（linear system）といいます．このシステムでは，入力を定数倍したときは出力も同じだけ定数倍され，複数の信号を足し算した信号を入力した場合は，それぞれの入力に対する出力の足し算となります．

次に，任意の整数kに対して

$$S[x(n-k)] = y(n-k) \tag{6・5}$$

が成り立つとき，$S[\cdot]$を**時不変システム**（time-invariant system）といいます．このシステムでは，入力信号をkサンプルだけ遅らせた場合，出力信号もkサンプルだけ遅れます．線形システムであり，かつ時不変システムであるシステムを**線形時不変**（linear time-invariant：**LTI**）**システム**といいます．

5章で述べた通り，ほとんどの離散時間信号は離散フーリエ変換（DFT）を用いて，いろいろな周波数の正弦波の重み付け和で表現できます．そのため，LTIシステムの入力信号も，正弦波の重み付け和で表されます．LTIシステムでは**図6・2**のように最初に各周波数の正弦波を重み付け和して入力する場合の出力も，個々の周波数の正弦波を別々にLTIシステムに入力した場合の出力を最後に足し合わせた場合も結果は同じになります．したがって，どんなに複雑な波形を入力しても，実際はそれぞれの周波数の正弦波を入力したときの応答のみがわかっていれば，最後にそれらを足し合わせて出力を計算できます．

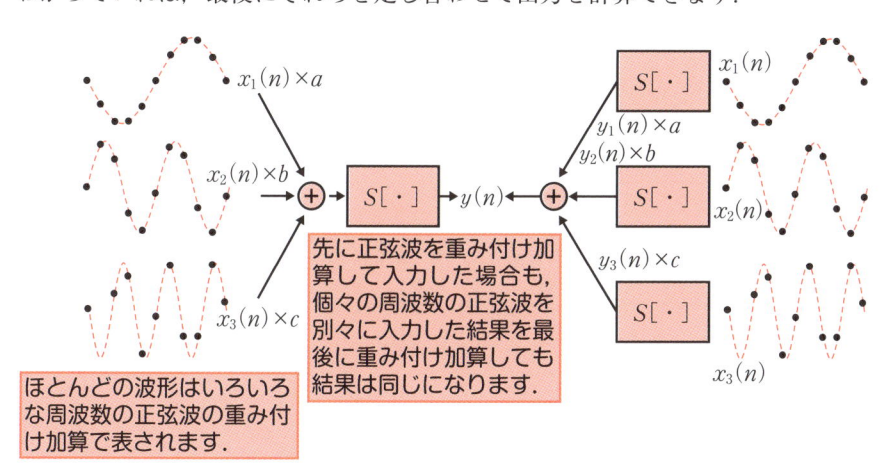

図6・2■LTIシステムの出力

2 インパルス応答とたたみ込み演算

離散時間信号におけるインパルス $\delta(n)$ を次のように定義します．

$$\delta(n) = \begin{cases} 1 & (n=0) \\ 0 & (n \neq 0) \end{cases} \tag{6・6}$$

k を任意の整数とすると $\delta(n-k)$ は

$$\delta(n-k) = \begin{cases} 1 & (n=k) \\ 0 & (n \neq k) \end{cases} \tag{6・7}$$

となります．式(6・6)，(6・7)の関係を用いると任意の離散時間信号 $x(n), n=\ldots, -1,0,1,\ldots$ は次のように表現することができます．

$$x(n) = \cdots + x(-1)\delta(n+1) + x(0)\delta(n) + x(1)\delta(n-1) + \cdots \tag{6・8}$$

$$= \sum_{k=-\infty}^{\infty} x(k)\delta(n-k) \tag{6・9}$$

式(6・9)は図6・3に示すように，$\delta(n)$ を1サンプルずつずらしたものに，ずらした時刻における入力 x の値を掛けた後，足し合わせることを意味しています．その際，インパルスの性質から，式(6・9)が値をもつのは $n=k$ のときのみなので，任意の n の $x(n)$ を求めることができます．式(6・9)の右辺では，$x(k)$ が n に関係なく，定数の役割をしていることがLTIシステムの出力を計算するときに重要な意味をもっています．

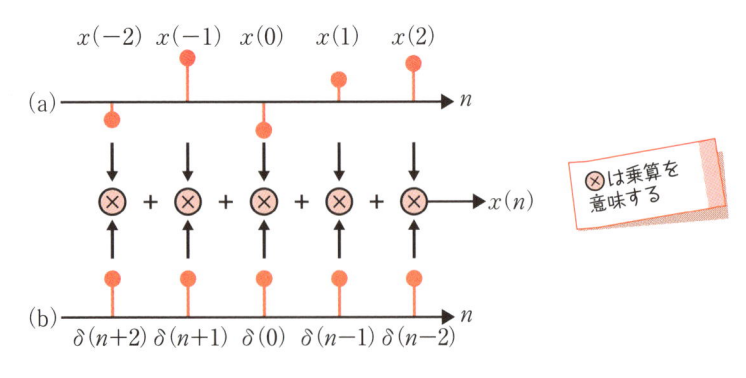

図6・3 ■ $\delta(n)$ を用いた信号表現

⊗は乗算を意味する

式(6・9)の $x(n)$ をLTIシステム $S[\cdot]$ に入力したときの出力 $y(n)$ を計算すると次のようになります．

$$y(n) = S\left[\sum_{k=-\infty}^{\infty} x(k)\delta(n-k)\right] \tag{6・10}$$

$$= \cdots + x(-1)S[\delta(n+1)] + x(0)S[\delta(n)] + x(1)S[\delta(n-1)] + \cdots \tag{6・11}$$

$$= \cdots + x(-1)h(n+1) + x(0)h(n) + x(1)h(n-1) + \cdots \tag{6・12}$$

$$= \sum_{k=-\infty}^{\infty} x(k)h(n-k) \tag{6・13}$$

ここで

$$h(n) = S[\delta(n)] \tag{6・14}$$

とおきました．$h(n)$は図 **6・4** に示すようにインパルスを入力したときの出力であり，インパルス応答と呼ばれます．式(6・11)では，$x(k)$を定数とみなし，線形性を用い，式(6・12)では時不変性を用いています．

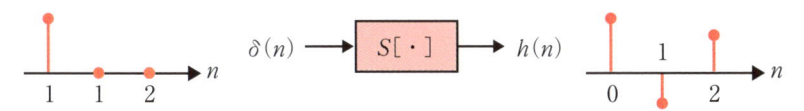

図 6・4 ■ インパルス応答

式(6・13)において $m = n - k$ とおくと

$$y(n) = \sum_{m=-\infty}^{\infty} h(m)x(n-m) \tag{6・15}$$

となり，あらためて $m = k$ とおくと

$$y(n) = \sum_{k=-\infty}^{\infty} h(k)x(n-k) \tag{6・16}$$

となります．式(6・13)と式(6・16)を比べると，インパルス応答が $h(n)$ の LTI システムに $x(n)$ を入力した場合も，インパルス応答が $x(n)$ の LTI システムに $h(n)$ を入力した場合も同じ出力 $y(n)$ が得られる[補足]ことがわかります．式(6・13)，(6・16)の演算をたたみ込みといい，次式で記述されることもあります．

$$y(n) = h(n) * x(n) \tag{6・17}$$

例として，$n = 7$ のときの式(6・13)の演算について図 **6・5** を用いて考えてみます．同図(a)のような $h(n)$ を考えると，$h(7-k)$ は同図(b)のように，$n = 7$ を基準にしてインパルス応答列をひっくり返すことになります．たたみ込みは，同図(c)のように k を動かしながら，$h(7-k)$ と $x(k)$ を繰り返し掛けては足し合わせる操作を表します．

補足 ➡ 入力とインパルス応答の役割を入れ替えてもよいです．

(a) $h(k)$

$n=7$ のとき

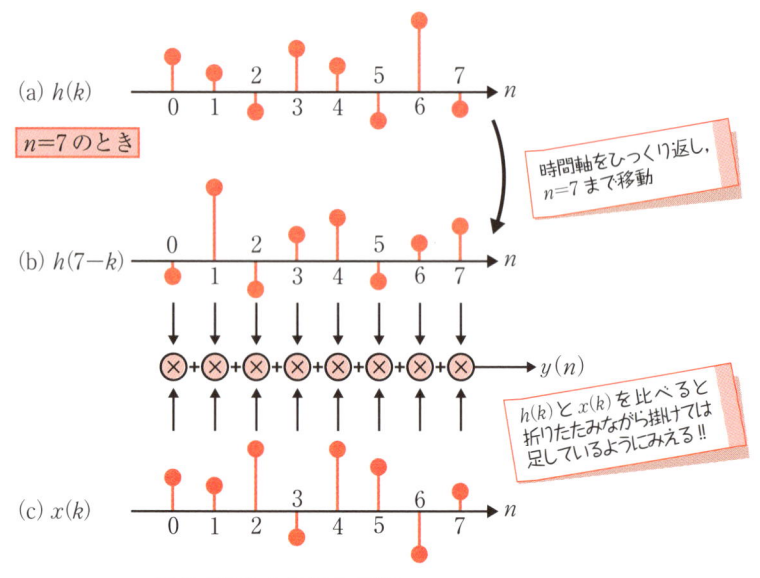

時間軸をひっくり返し，$n=7$ まで移動

(b) $h(7-k)$

$h(k)$ と $x(k)$ を比べると折りたたみながら掛けては足しているようにみえる!!

(c) $x(k)$

図 6・5 ■ たたみ込み演算

3 因果性と安定性

インパルス応答を用いれば，システムの重要な性質を特徴付けることができます．本項では，**因果性**（causality）と**安定性**（stability）について考えます．

システムが因果的とは，原因（入力）があって結果（出力）が発生するという意味です．インパルスが入力の場合は，$n<0$ では入力が存在しないため

$$h(n)=0 \quad (n<0) \tag{6・18}$$

の条件が成立する必要があります．これを満たすシステムを**因果的システム**といいます．したがって，因果的システムの入出力関係は

$$y(n)=\sum_{k=0}^{\infty} h(k)x(n-k) \tag{6・19}$$

と書くことができます．

次に，システムが安定であるとは，有界な入力，すなわち値が無限大に発散しない入力に対して，出力が無限大に発散したり，永久に有限な値を出力し続けたりしないという意味です．インパルス応答で考えると

$$\sum_{n=-\infty}^{\infty} |h(n)| < \infty \tag{6・20}$$

補足 ➡ 画像処理のフィルタは軸が空間座標ですから，因果性を満たす必要がありません．

の条件が成立することになります．これを満たすシステムを**安定なシステム**といいます．

> **まとめ**
>
> 離散時間線形時不変システムの入力 $x(n)$ と出力 $y(n)$ の関係は次式で表すことができます．
>
> $$y(n) = \sum_{k=-\infty}^{\infty} h(k) x(n-k)$$
>
> ここで，$h(k)$ はシステムのインパルス応答です．この演算をたたみ込みといいます．因果的システムでは，$h(n)=0, n<0$ が成立する必要があります．

例題 1

図(a)に示すようなインパルス応答が $h(0)=0.8, h(1)=-0.2$ の因果性を満たす線形時不変離散時間システムに，$x(0)=1, x(1)=1.8, x(2)=-0.8$ を入力した（図(b)）．システムの出力 $y(n)$，$n=0,1,2,3$ を求めなさい．

(a) $h(n)$

(b) $x(n)$

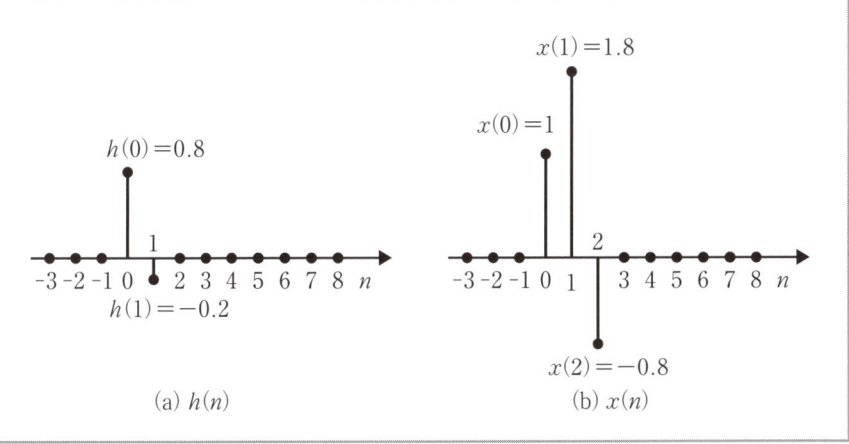

解答 線形時不変システムの出力は次式のたたみ込みで計算します．

$$y(n) = \sum_{k=-\infty}^{\infty} h(k) x(n-k)$$

値を代入して計算すると，次のように求められます．

$y(0) = h(0)x(0) = 0.8 \times 1 = 0.8$

補足 ⇒ 発振回路は入力がなくても波を出力するので，不安定な回路です．

$y(1) = h(0)x(1) + h(1)x(0) = 0.8 \times 1.8 + (-0.2) \times 1 = 1.24$

$y(2) = h(0)x(2) + h(1)x(1) = 0.8 \times (-0.8) + (-0.2) \times 1.8 = -1$

$y(3) = h(1)x(2) = (-0.2) \times (-0.8) = 0.16$

6-2 離散時間システムの差分方程式表現

キーポイント

離散時間線形時不変システムの入出力関係はたたみ込みで表されます．この関係は，現在の出力を決定するためのシステムの構造までは言及していません．実際にディジタルフィルタに代表される信号処理回路を扱う場合は，構造も考慮した入出力関係について理解する必要があります．その関係はインパルス応答の時間的な長さでFIRシステムとIIRシステムの二つに分類されます．

入力 $x(n)$ と出力 $y(n)$ が次の差分方程式

$$y(n) = \sum_{k=0}^{M} b_k x(n-k) \tag{6・21}$$

で表されるシステムを**有限長インパルス応答**（finite impulse response：**FIR**）**システム**といいます．ここで，b_k は $x(n-k)$ に対する重み係数を表します．この関係は，インパルス応答長が有限であることを除いてはたたみ込みそのものであり，現在の出力が過去の入力のみで決定されます．そのため，**過去の入力を記憶する構造が必要**となります．FIR システムに $x(n)=\delta(n)$ を入力すると，インパルス応答が $b_0, b_1, b_2, \ldots, b_M$ と有限の長さで出力されます．

1 IIR システム

入力 $x(n)$ と出力 $y(n)$ が次の差分方程式

$$y(n) = -\sum_{k=1}^{M} a_k y(n-k) + \sum_{k=0}^{M} b_k x(n-k) \tag{6・22}$$

で表されるシステムを**無限長インパルス応答**（infinite impulse response：**IIR**）**システム**といいます．ここで，a_k は $y(n-k)$ に対する重み係数，b_k は $x(n-k)$ に対する重み係数を表します．このシステムでは，過去の出力 $y(n-k)$ をフィードバックして，第1項のように再び出力の計算に用います．そのため，第1項の総和は $k=1$ から始まっていることに注意しましょう．第2項はFIRシステムそのものですから，**IIR システムは過去の入力を記憶する構造と出力をフィードバックする構造が必要**となります．IIR システムに $x(n)=\delta(n)$ を入力すると，出力がフィードバックされるため，インパルス応答が時間的に無限に出力されます．

補足 ⇒ 差分方程式は微分方程式の離散化版です．

> **まとめ**
>
> インパルス応答長が有限長のシステムを FIR システム，無限長のシステムを IIR システムといいます．FIR システムは過去の入力を記憶する構造が必要であり，IIR システムはそれに加えて過去の出力をフィードバックする構造が必要です．

例題 2

次式で表される IIR システムのインパルス応答 $h(n), n=0,1,2,3,4$ を求めなさい．ただし，$y(n)=0, n<0$ であるとします．

$$y(n) = -0.6y(n-1) - 0.3y(n-2) + x(n)$$

解答 インパルス応答はシステムに $\delta(n)$ を入力したときの出力なので，計算すると次のように求められます．

$h(0) = -0.6 \times 0 - 0.3 \times 0 + \delta(0) = 1$

$h(1) = -0.6 \times 1 - 0.3 \times 0 = -0.6$

$h(2) = -0.6 \times (-0.6) - 0.3 \times 1 = 0.06$

$h(3) = -0.6 \times 0.06 - 0.3 \times (-0.6) = 0.144$

$h(4) = -0.6 \times (0.144) - 0.3 \times (0.06) = -0.1044$

6-3 離散時間システムの周波数特性

キーポイント

任意の波形はいろいろな周波数の正弦波の足し算で表現できます．そのため，ディジタル信号処理システムを考えるとき，インパルスと並んで，正弦波入力に対する応答について理解することが必要です．正弦波がシステムを通過するとき，変動するのは正弦波の振幅と位相のみです．この考え方を任意の波形の入力に拡張すると，各周波数の正弦波入力に対する振幅と位相の変動量を扱う周波数特性が必要となります．周波数特性はシステムの応答に依存するため，インパルス応答を用いて周波数特性を導出します．

1 正弦波入力に対する応答

インパルス応答 $h(n)$ をもつ LTI システムの出力は $h(n)$ と入力 $x(n)$ とのたたみ込みで計算できます．入力として複素正弦波 $x(n)=e^{j\omega n}$ を加えたときの出力は次のように計算できます．

$$y(n) = \sum_{k=-\infty}^{\infty} h(k) e^{j\omega(n-k)} \tag{6・23}$$

$$= \left(\sum_{n=-\infty}^{\infty} h(k) e^{-j\omega k} \right) e^{j\omega n} \tag{6・24}$$

$$= H(\omega) e^{j\omega n} \tag{6・25}$$

ここで

$$H(\omega) = \sum_{k=-\infty}^{\infty} h(k) e^{-jk\omega} \tag{6・26}$$

とおきました．$H(\omega)$ は $h(n)$ の離散時間フーリエ変換であり，周波数特性と呼ばれます．いま，ω は正規化周波数で考えているため，$-\pi<\omega\leqq\pi$ の範囲を考えれば十分であり，また正と負の周波数の間には複素共役の関係 $H(\omega)=H^*(-\omega)$ が成り立ちます．

2 周波数特性

$H(\omega)$ は複素数であるため，大きさと偏角に分けて，$H(\omega)$ の役割について考えます．$H(\omega)$ の大きさ $|H(\omega)|$ を **振幅特性**，偏角 $\angle H(\omega)$ を **位相特性** と呼びます．6-1 節で述べた通り LTI システムの入力はいろいろな周波数の正弦波の重み付け和で表現できます．正弦波を LTI システムに入力したとき，定数倍によって変

補足 ➡ 「振幅特性」：frequency responce，「位相特性」：phase responce

動するのは振幅のみであり，時間遅延によって変動するのは位相のみです．したがって，角周波数がωの正弦波に対して**$|H(\omega)|$が振幅の変動，$\angle H(\omega)$が位相の変動**を表します．ここで，100 Hz の正弦波を何倍しても，何サンプル遅延しても 200 Hz の正弦波にはなりませんから，ある周波数の正弦波がシステムによって受ける影響はほかの周波数には無関係に決まります．したがって，$H(\omega)$ は周波数に対して固有の値をもちます．

まとめ

インパルス応答が $h(n)$ の離散時間システムの周波数特性 $H(\omega)$ は次式となります．

$$H(\omega) = \sum_{k=-\infty}^{\infty} h(k) e^{-jk\omega} \tag{6・27}$$

$H(\omega)$ は複素数であり，$|H(\omega)|$ を振幅特性，$\angle H(\omega)$ を位相特性といいます．

例題 3

インパルス応答が $h(0)=0.8, h(1)=0.6, h(n)=0, n \geq 2$ である因果性を満たす線形時不変離散時間システムの周波数特性 $H(\omega)$，振幅特性 $|H(\omega)|$ を求めなさい．

解答 周波数特性 $H(\omega)$ は

$$H(\omega) = \sum_{k=0}^{\infty} h(k) e^{-jk\omega}$$

で求められ，その絶対値 $|H(\omega)|$ が振幅特性ですから，インパルス応答の値を代入すると次のように求められます．

$$\begin{aligned}
H(\omega) &= h(0)e^0 + h(1)e^{-j\omega} = 0.8 + 0.6 e^{-j\omega} \\
&= 0.8 + 0.6(\cos \omega - j \sin \omega) \\
&= 0.8 + 0.6 \cos \omega - j 0.6 \sin \omega \\
|H(\omega)| &= \sqrt{(0.8 + 0.6 \cos \omega)^2 + (0.6 \sin \omega)^2} \\
&= \sqrt{0.64 + 0.96 \cos \omega + 0.36 \cos^2 \omega + 0.36 \sin^2 \omega} \\
&= \sqrt{0.64 + 0.96 \cos \omega + 0.36} = \sqrt{1 + 0.96 \cos \omega}
\end{aligned}$$

6-4 z 変換

キーポイント

連続時間システムの解析を行うためにラプラス変換が使われました．離散時間システムでは，ラプラス変換の離散時間バージョンとして z 変換を用います．z 変換は離散的な時間上で計算するため，ラプラス変換の積分は総和になり，変換結果は多項式で表されます．そのため，多項式が収束するための条件を考える必要があることに注意してください．

連続時間システムに対するラプラス変換を離散時間システムに適用するために，**z 変換**が用いられます．離散時間信号 $x(n)$ の z 変換 $X(z)$ は次式で定義されます．

$$X(z) = \sum_{n=-\infty}^{\infty} x(n) z^{-n} \tag{6.27}$$

ここで，$z = e^s, s = \sigma + j\omega$ であり，一般に複素数となります．この定義はラプラス変換を離散化したに過ぎません．上式では n として正負両方の範囲を考えているため，特に**両側 z 変換**と呼ばれることもあります．また，ラプラス変換と同様に $n=0$ でスイッチを ON にしたとみなし，$n \geq 0$ の範囲のみを扱う片側 z 変換を用いることもあります．本書では特に断りのない限り，式(6.27)の定義を用います．z 変換は複素数 z のべき級数和として定義されますので，z の値によっては級数が収束しない場合があります．そのため，**z 変換を求める場合は級数が収束するための範囲として，収束領域を示す必要**があります．収束領域は複素平面上の範囲を示すことになりますが，この場合の複素平面を特に z 平面と呼びます．

逆 z 変換は次式で定義されますが，ほとんどの場合，ラプラス変換と同様に対応表を用います．

$$x(n) = \frac{1}{2\pi j} \oint X(z) z^{n-1} dz \tag{6.28}$$

また，$x(n)$ と $X(z)$ が z 変換対であるとき

$$x(n) \longleftrightarrow X(z) \tag{6.29}$$

と書くことがあります．

1 z 変換の性質

(1) 線形性
$x(n) \longleftrightarrow X(z)$, $y(n) \longleftrightarrow Y(z)$ であり，a, b を定数とするとき
$$ax(n)+by(n) \longleftrightarrow aX(z)+bY(z) \tag{6・30}$$
が成り立ちます．

(2) 時間シフト
整数 k に対し
$$x(n-k) \longleftrightarrow z^{-k}X(z) \tag{6・31}$$
が成り立ちます．特に $k=1$ のときは $X(z)$ に z^{-1} を乗じることになり，ディジタルフィルタで重要な意味をもちます．

(3) 減衰則
$x(n)$ に減衰項 a^{-n} を乗じた信号 $a^{-n}x(n)$ に対し
$$a^{-n}x(n) \longleftrightarrow X(az) \tag{6・32}$$
が成り立ちます．

(4) たたみ込み
$x(n)$ と $y(n)$ のたたみ込み $x(n)*y(n)$ に対し
$$x(n)*y(n) \longleftrightarrow X(z)Y(z) \tag{6・33}$$
が成り立ちます．これは次節の伝達関数で重要な性質です．

2 z 変換の例

(1) インパルス信号
インパルス $x(n)=\delta(n)$ の z 変換は
$$X(z)=\sum_{n=-\infty}^{\infty}\delta(n)z^{-n}=1 \tag{6・34}$$
となります．収束領域は z 平面全体です．

(2) 単位ステップ関数
単位ステップ関数 $x(n)=u(n)$ の z 変換は
$$X(z)=\sum_{n=-\infty}^{\infty}u(n)z^{-n}=\sum_{n=0}^{\infty}z^{-n} \tag{6・35}$$
$$=1+z^{-1}+z^{-2}+\cdots \tag{6・36}$$

補足 ⇒ $x(n-k)$ の z 変換は $X(z)=\sum_{n=-\infty}^{\infty}x(n-k)z^{-n}=\sum_{m=-\infty}^{\infty}x(m)z^{-(m+k)}$
$=z^{-k}\sum_{m=-\infty}^{\infty}x(m)z^{-m}=z^{-k}X(z)$

$$= \frac{1}{1-z^{-1}} \tag{6・37}$$

となります．収束領域は $|z^{-1}|<1$，つまり $|z|>1$ です．

（3）指数信号

指数信号 $x(n)=a^n u(n)$ の z 変換は

$$X(z) = \sum_{n=-\infty}^{\infty} a^n u(n) z^{-n} = \sum_{n=0}^{\infty} a^n z^{-n} \tag{6・38}$$

$$= 1 + az^{-1} + a^2 z^{-2} + \cdots \tag{6・39}$$

$$= \frac{1}{1-az^{-1}} \tag{6・40}$$

となります．収束領域は $|az^{-1}|<1$，つまり $|z|>|a|$ です．

（4）正弦波信号

正弦波信号 $x(n)=u(n)\sin\omega_0 n$ の z 変換は

$$X(z) = \sum_{n=-\infty}^{\infty} u(n) \sin\omega_0 n \, z^{-n} \tag{6・41}$$

$$= \sum_{n=0}^{\infty} \frac{1}{2j}(e^{j\omega_0 n} - e^{-j\omega_0 n}) z^{-n} \tag{6・42}$$

$$= \frac{1}{2j}\left(\sum_{n=0}^{\infty} e^{j\omega_0 n} z^{-n} - \sum_{n=0}^{\infty} e^{-j\omega_0 n} z^{-n}\right) \tag{6・43}$$

$$= \frac{1}{2j}\left(\frac{1}{1-e^{j\omega_0} z^{-1}} - \frac{1}{1-e^{-j\omega_0} z^{-1}}\right) \tag{6・44}$$

$$= \frac{(\sin\omega_0) z^{-1}}{1-2(\cos\omega_0) z^{-1} + z^{-2}} \tag{6・45}$$

となります．収束領域は $|e^{j\omega_0} z^{-1}|<1$，つまり $|z|>1$ です．

まとめ

$x(n)$ の z 変換 $X(z)$ は次式で定義されます．

$$X(z) = \sum_{n=-\infty}^{\infty} x(n) z^{-n}$$

$X(z)$ は z の多項式となり，級数が収束するための収束領域を示す必要があります．

Q 初項 a，公比 r の無限等比級数の和は？

A：$\frac{a}{1-r}$

例題 4

次の $x(n)$ の z 変換 $X(z)$ を求めなさい．
(1) $x(n) = -2\delta(n) + 4\delta(n-1) + 10\delta(n-2) - 8\delta(n-3) + 4\delta(n-4)$
(2) $x(n) = (0.8)^n u(n) - (0.6)^n u(n)$

解答 (1)は z 変換の時間シフトを用いて，次式となります．

$$X(z) = -2 + 4z^{-1} + 10z^{-2} - 8z^{-3} + 4z^{-4}$$

収束領域は $z=0$ 以外の領域となります．

(2)は指数信号の変換式を用いて，次式となります．

$$X(z) = \frac{1}{1-0.8z^{-1}} - \frac{1}{1-0.6z^{-1}}$$

収束領域は第 1 項目が $|z|>0.8$，第 2 項目が $|z|>0.6$ となるので，狭いほうを選んで $|z|>0.8$ となります．

6-5 伝達関数

キーポイント

ディジタル信号処理システムはインパルス応答を用いて解析することができました．また，正弦波入力に対するシステムの応答の解析方法として周波数特性が利用できました．ただし，ディジタル信号処理システムを構築するためには，解析のための道具に加え，システム設計のための道具が必要になります．たとえば，ある周波数の雑音を除去しつつ，ある周波数帯域の音声を強調するためには何を決めてやればよいでしょうか？ 伝達関数，極，零点はそのような作業を行うための重要な道具であるとともに，インパルス応答，周波数特性と密接なつながりをもっています．したがって，システムの安定性のような重要な性質もこれらの道具を使って調べることができます．

1 伝達関数

インパルス応答 $h(n)$ をもつ LTI システムに入力として $x(n)$ を加えた場合，出力 $y(n)$ はたたみ込み $y(n)=h(n)*x(n)$ で計算できました．z 変換の性質より，たたみ込みの z 変換は，たたみ込む信号同士の z 変換の積となるため

$$Y(z)=H(z)X(z) \tag{6・46}$$

と計算できます．ただし，$Y(z)$，$H(z)$，$X(z)$ はそれぞれ $y(n)$，$h(n)$，$x(n)$ の z 変換を表します．いま，$X(z)$ と $Y(z)$ の比を求めると

$$H(z)=\frac{Y(z)}{X(z)} \tag{6・47}$$

となります．$H(z)$ は入力から出力への伝達量を表しているため，**伝達関数**（transfer function）と呼ばれ，インパルス応答 $h(n)$ を用いて

$$H(z)=\sum_{n=-\infty}^{\infty} h(n)z^{-n} \tag{6・48}$$

と計算されます．なお，因果的システムの場合，$n\geqq 0$ の範囲のみ考えればよいため

$$H(z)=\sum_{n=0}^{\infty} h(n)z^{-n} \tag{6・49}$$

となります．

2 伝達関数と周波数特性

LTI システムに複素正弦波 $x(n)=e^{j\omega n}$ を入力したとき，その出力は $e^{j\omega n}$ を

$H(\omega)$ 倍して，$y(n)=H(\omega)e^{j\omega n}$ と求められました．$H(\omega)$ は

$$H(\omega) = \sum_{k=-\infty}^{\infty} h(k) e^{-j\omega k} \tag{6・50}$$

と定義されましたが，これは式(6・28)において $z=e^{j\omega}$ とおいた場合に該当します．したがって，周波数特性を求める場合は，伝達関数を z 変換し，その後 $z=e^{j\omega}$ を代入すればよいといえます．

$H(z)$ と同様に $Y(z)$，$X(z)$ も $z=e^{j\omega}$ とおけば周波数スペクトル $Y(\omega)$，$X(\omega)$ を求めることができます．そこで，伝達関数の式を次のように変形してみます．

$$Y(\omega) = H(\omega) X(\omega) \tag{6・51}$$

この式の右辺は複素数同士の掛け算なので，その大きさと偏角は以下のように計算でき，**図 6・6** に示すように表されます．

$$|Y(\omega)| = |H(\omega)| \times |X(\omega)| \tag{6・52}$$

$$\angle Y(\omega) = \angle H(\omega) + \angle X(\omega) \tag{6・53}$$

複素正弦波 $x(n)=e^{j\omega n}$ の場合，$|X(\omega)|=1$，$\angle X(\omega)=0$ なので，$|Y(\omega)|=|H(\omega)|$，$\angle Y(\omega)=\angle H(\omega)$ となり，入力の振幅が $|H(\omega)|$ 倍され，位相が $\angle H(\omega)$ だけずれるという周波数特性の解釈と一致します．

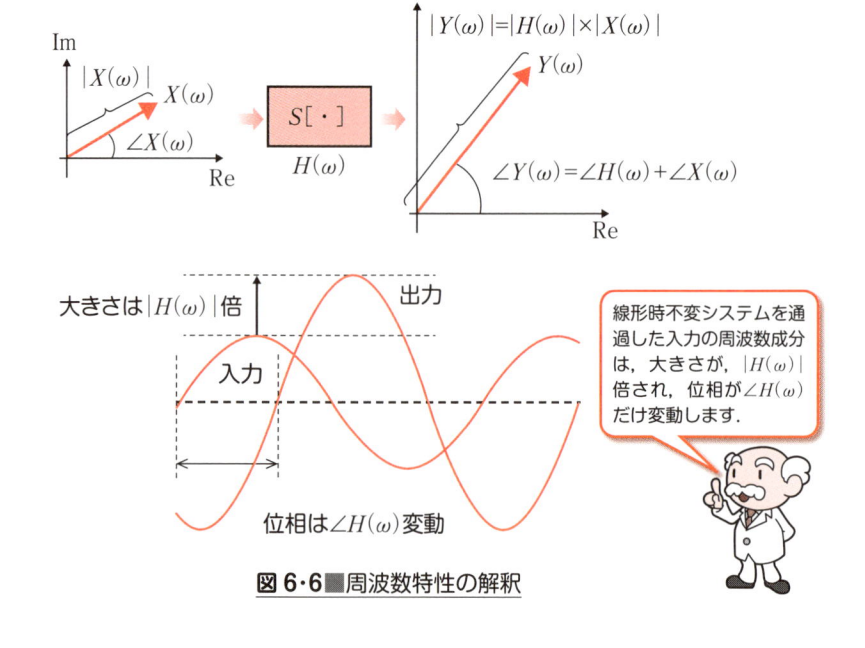

図 6・6 ■ 周波数特性の解釈

補足 ➡ 複素数 $z_1=r_1 e^{j\theta_1}$，$z_2=r_2 e^{j\theta_2}$ の積は $z_1 z_2 = r_1 r_2 e^{j(\theta_1+\theta_2)}$ となりますので，大きさは掛け算，偏角は足し算になります．

3 極と零点

6-2 節で述べたように，FIR システムは IIR システムから出力のフィードバックを取り除いた特別版ですので，LTI システムの差分方程式としては，次式の IIR システムを考えることにします．

$$y(n) = -\sum_{k=1}^{N} a_k y(n-k) + \sum_{k=0}^{M} b_k x(n-k) \tag{6・54}$$

この式の両辺を z 変換すると

$$Y(z) = -Y(z)\left(\sum_{k=1}^{N} a_k z^{-k}\right) + X(z)\left(\sum_{k=0}^{M} b_k z^{-k}\right) \tag{6・55}$$

が得られます．これより，伝達関数 $H(z)$ を求めると次のような分数多項式が求まります．

$$H(z) = \frac{\sum_{k=0}^{M} b_k z^{-k}}{1 + \sum_{k=1}^{N} a_k z^{-k}} \tag{6・56}$$

この式の分子多項式を $C(z)$，分母多項式を $D(z)$ と書くことにすると

$$C(z) = b_0 + b_1 z^{-1} + b_2 z^{-2} + \cdots + b_M z^{-M} \tag{6・57}$$

$$= b_0 \left(1 + \frac{b_1}{b_0} z^{-1} + \frac{b_2}{b_0} z^{-2} + \cdots + \frac{b_M}{b_0} z^{-M}\right) \tag{6・58}$$

$$D(z) = 1 + a_1 z^{-1} + a_2 z^{-2} + \cdots + a_N z^{-N} \tag{6・59}$$

となります．最初に，分子多項式 $C(z)$ を因数分解してみます．

$$C(z) = b_0 (1 - c_0 z^{-1})(1 - c_1 z^{-1}) \cdots (1 - c_M z^{-1}) \tag{6・60}$$

$$= b_0 \prod_{k=0}^{M} (1 - c_k z^{-1}) \tag{6・61}$$

ここで，$z = c_0, c_1, \ldots, c_M$ のとき，$C(z) = 0$ となり，**伝達関数は出力側に何も伝達しない状態**になります．この $z = c_0, c_1, \ldots, c_M$ を $H(z)$ の**零点**といいます．

次に，分母多項式 $D(z)$ を因数分解してみます．

$$D(z) = (1 - d_1 z^{-1})(1 - d_2 z^{-1}) \cdots (1 - d_N z^{-1}) \tag{6・62}$$

$$= \prod_{k=1}^{N} (1 - d_k z^{-1}) \tag{6・63}$$

ここで，$z = d_1, d_2, \ldots, d_N$ のとき，$D(z) = 0$ となり，伝達関数は出力側に無限大の量を伝達する状態になります．実際には安定なシステムでは有限な出力が保証されていますので，$D(z) = 0$ の状態は等価的に入力が 0 の状態，つまり**入力がなくても何らかの出力が存在する状態**であることを表しています．この $z=$

$d_1, d_2, ..., d_N$ を $H(z)$ の**極**といいます．この状態は，発振回路のように外部から入力がないにもかかわらず，出力が存在しているような状況を表します．

これまでの議論では，a_k と b_k に値を与えた場合の極と零点の求め方について考えてきました．逆に，極と零点を与えれば，a_k, b_k も決まり，LTIシステムを構成できます．つまり，離散時間システムの設計では，a_k, b_k を決める代わりに，極と零点を決めてもよいということになります．

極と零点を使って，$H(z)$ を次式のように書き直してみます．

$$H(z) = b_0 z^{N-M} \frac{\prod_{k=0}^{M}(z-c_k)}{\prod_{k=1}^{N}(z-d_k)} \tag{6.64}$$

この式に $z = e^{j\omega}$ を代入して，振幅特性と位相特性を求めると次のように計算できます．

$$|H(\omega)| = b_0 \frac{\prod_{k=0}^{M}|e^{j\omega}-c_k|}{\prod_{k=1}^{N}|e^{j\omega}-d_k|} \tag{6.65}$$

$$\angle H(\omega) = \omega(N-M) + \sum_{k=0}^{M} \angle(e^{j\omega}-c_k) - \sum_{k=1}^{N} \angle(e^{j\omega}-d_k) \tag{6.66}$$

$|H(\omega)|$ の式の分母の $|e^{j\omega}-d_k|$ および $\angle H(\omega)$ の $\angle(e^{j\omega}-d_k)$ の役割について考えてみます．$z = e^{j\omega}$ は正規化角周波数 ω が 0 から 2π まで，または $-\pi$ から π まで動いたとき，すなわち実周波数で 0 Hz からサンプリング周波数まで周波数を動かしたとき，**図6・7**に示すように単位円上をちょうど一周します．

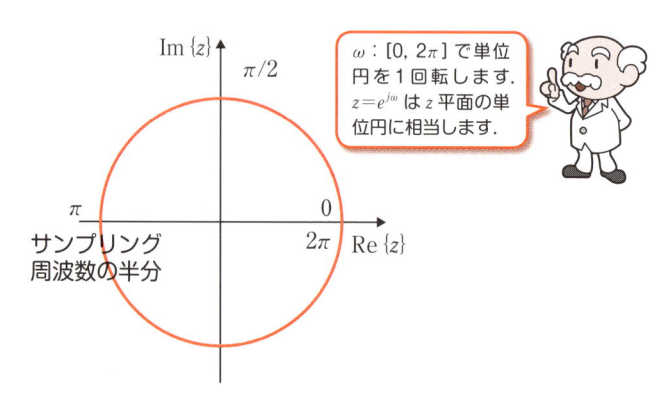

> $\omega: [0, 2\pi]$ で単位円を1回転します．$z = e^{j\omega}$ は z 平面の単位円に相当します．

図6・7 z 平面における正規化角周波数 ω と単位円の対応

補足 ➡ a_k, b_k が実数の場合は，$|H(\omega)| = |H(-\omega)|$，$\angle H(\omega) = -\angle H(-\omega)$ の関係が成り立ちます（複素共役の関係）．

d_k は複素多項式の根であるため，一般に d_k も複素数となります．したがって，**図 6·8**(a)のように，d_k も z 平面上の一点となります．また ω の値を一つ決めると，$e^{j\omega}$ も単位円上の一点と考えることができます．複素数はベクトル形式で考えたほうが視覚的にわかりやすいため，同図(a)のような $e^{j\omega}$ と d_k を表す二つのベクトルを考えてみます．$e^{j\omega}-d_k$ は二つのベクトルの差ですから，同図(a)に示したようなベクトルとなります．$e^{j\omega}-d_k$ に対しても同図(b)のように大きさ $|e^{j\omega}-d_k|$ と偏角 $\angle(e^{j\omega}-d_k)$ を考えることができます．

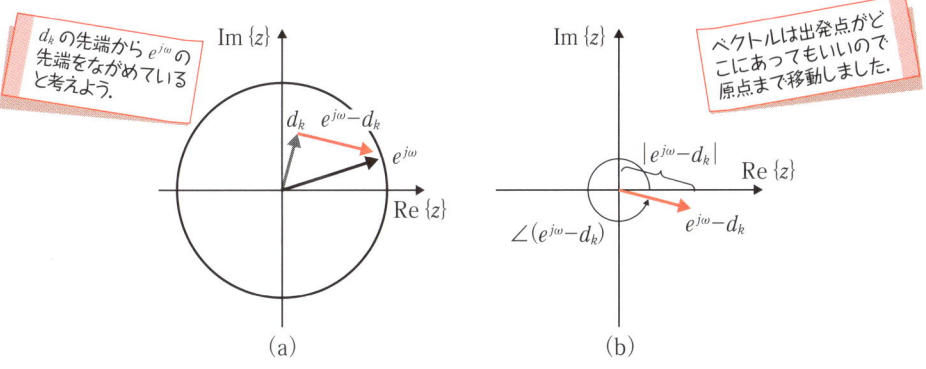

図 6·8 $e^{j\omega}-d_k$ の大きさと位相

この考えを使って，極および零点からLTIシステムの振幅特性および位相特性を設計することを考えてみます．例として，極が二つ（d_1, d_2），零点が二つ（c_0, c_1），$b_0=1$ とします．$|H(\omega)|$ と $\angle H(\omega)$ を計算すると次のようになります．

$$|H(\omega)|=\frac{|e^{j\omega}-c_0|\cdot|e^{j\omega}-c_1|}{|e^{j\omega}-d_1|\cdot|e^{j\omega}-d_2|} \tag{6·67}$$

$$=C_0\cdot C_1\cdot\frac{1}{D_1}\cdot\frac{1}{D_2} \tag{6·68}$$

$$\angle H(\omega)=\omega+\theta_0+\theta_1-\phi_1-\phi_2 \tag{6·69}$$

ここで，$C_0=|e^{j\omega}-c_0|$, $C_1=|e^{j\omega}-c_1|$, $D_1=|e^{j\omega}-d_1|$, $D_2=|e^{j\omega}-d_2|$, $\theta_0=\angle(e^{j\omega}-c_0)$, $\theta_1=\angle(e^{j\omega}-c_1)$, $\phi_1=\angle(e^{j\omega}-d_1)$, $\phi_2=\angle(e^{j\omega}-d_2)$ とおきました．これらを z 平面上にプロットすると，**図 6·9** のようになります．このようにプロットすると，たとえば振幅特性は $e^{j\omega}$ が c_0 または c_1 に近づいたとき小さくなり（C_0 または C_1 が小さくなる），逆に d_1 または d_2 に近づいたとき大きくなる（D_1 または D_2 が小さくなる）ことを直感的に理解できます．

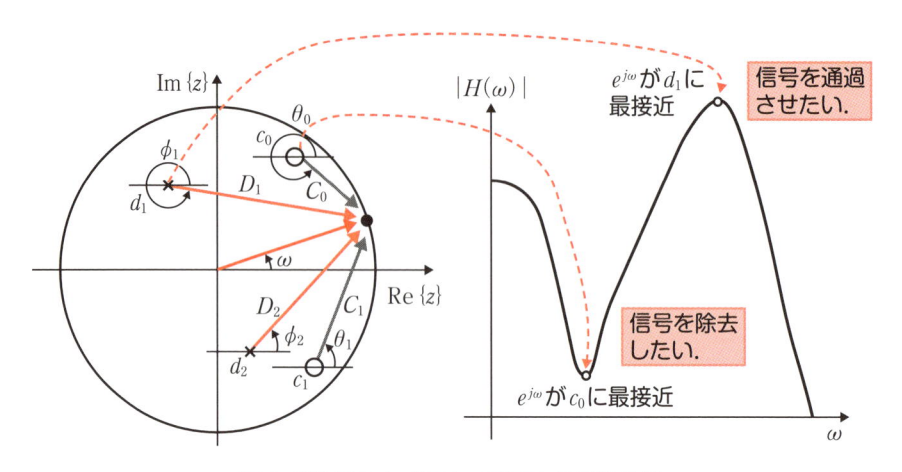

図 6・9 極および零点の配置と周波数特性

　z 変換は，z 平面のどこでも定義できるわけではなく，ある領域でのみ収束することを述べました．そこで，$H(z)$ の収束領域はどうなるか考えてみます．その際，実際に使用する LTI システムは因果性と安定性を満たしていなければなりません．因果性は

$$h(n)=0 \quad (n<0) \tag{6・70}$$

という条件が必要でした．この条件を $H(z)$ にあてはめると，$n<0$ を考えないので

$$H(z)=\sum_{n=0}^{\infty} h(n)z^{-n} \tag{6・71}$$

と書けます．$n \geqq 0$ の範囲のみで考えるため，級数の収束には $|z|$ の値がある正の数 c より大きいことが要求されます．よって，因果性から導かれる収束領域は

$$|z|>c \tag{6・72}$$

となります．一方，安定性の条件は

$$\sum_{n=0}^{\infty}|h(n)|<\infty \tag{6・73}$$

でした．この条件は $|H(z)|$ において $|z|=1$ とおいた場合に相当します．したがって，安定性から導かれる収束領域は $|z|=1$ を含む領域となります．以上より，**安定性と因果性を同時に満たすシステムは，$H(z)$ の収束領域に単位円を含むシステムである**といえます．

　$H(z)$ は z が極に等しくなったとき（$z=d_k, k=1,2,…,N$），値が無限大に発散するため収束しません．したがって，z 平面の原点から一番外側にある極までは

$H(z)$ の収束領域には含まれないことになります．しかしながら，単位円を収束領域に含まれなければならないため，結局，上記の収束領域に関する条件は，**因果性と安定性を同時に満たすシステムは，$H(z)$ のすべての極が単位円内に存在するシステムである**ことと言い換えることができます．

単純な例として，次の因果的一次システムを考えます．

$$h(n) = a^n u(n) \tag{6.74}$$

この式の両辺を z 変換して $H(z)$ を求めると

$$H(z) = \frac{1}{1 - az^{-1}} \tag{6.75}$$

が得られます．極 d_1 は

$$d_1 = a \tag{6.76}$$

となります．したがって，このシステムが安定であるためには

$$a < 1 \tag{6.77}$$

の条件が必要となります．**図 6・10** に a の値ごとの $h(n)$ を示します．これより，$a=1.2$ の場合は発散，$a=1.0$ の場合は発振となり，ともに不安定であり，$a=0.6$ と $a=-0.6$ の場合は収束することがわかります．

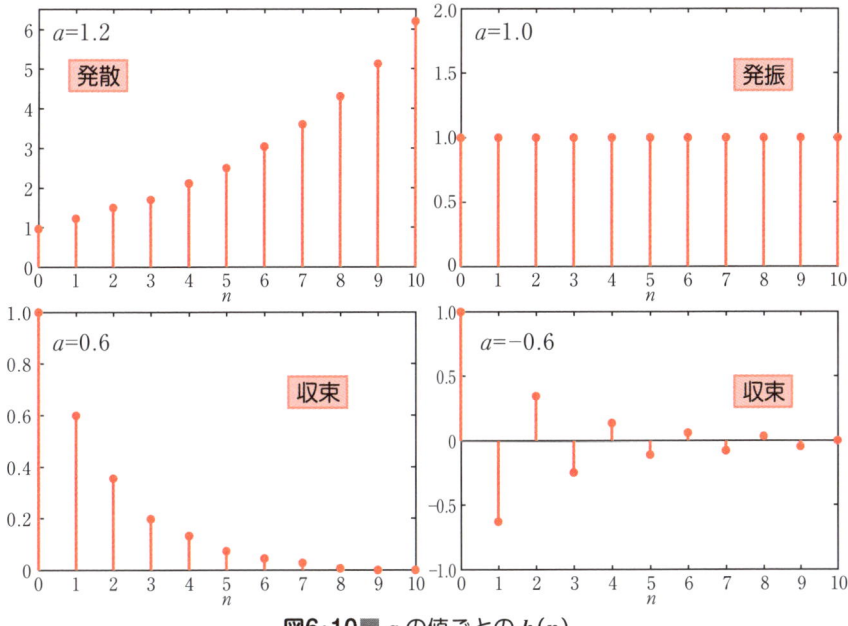

図6・10 a の値ごとの $h(n)$

補足 ➡ 一番外側の極の大きさを最大極半径といいます．

FIR システムの極は原点 $z=0$ に集積（多重根）しているため，安定性の条件を常に満たしています．これより，**FIR システムは絶対安定である**という重要な結論が得られます．

まとめ

インパルス応答が $h(n)$ の離散時間システムの伝達関数 $H(z)$ は次式で表されます．

$$H(z) = \frac{Y(z)}{X(z)} = \sum_{n=-\infty}^{\infty} h(n) z^{-n}$$

ここで，$X(z)$ は入力の z 変換，$Y(z)$ は出力の z 変換です．$H(z)$ に対して $z=e^{j\omega}$ とおくと，周波数特性 $H(\omega)$ が得られます．$H(z)$ の分母多項式の根を極，分子多項式の根を零点といいます．極，零点の位置によって，システムの周波数特性を調整することができます．

離散時間システムが安定であるための条件はそのシステムの極がすべて単位円内に存在することであり，FIR システムは絶対安定システムです．

例題 5

次の入出力関係で表されるシステムの伝達関数 $H(z)$，ならびに極と零点をすべて求めなさい．

$$y(n) = y(n-1) - y(n-2) + x(n) + \sqrt{3}\, x(n-1) + x(n-2)$$

解答 両辺を z 変換すると，

$$Y(z) = Y(z)z^{-1} - Y(z)z^{-2} + X(z) + \sqrt{3}\, X(z)z^{-1} + X(z)z^{-2}$$

となりますので，伝達関数は次式になります．

$$H(z) = \frac{Y(z)}{X(z)} = \frac{1 + \sqrt{3}\, z^{-1} + z^{-2}}{1 - z^{-1} + z^{-2}} = \frac{z^2 + \sqrt{3}\, z + 1}{z^2 - z + 1}$$

分子多項式を因数分解して，零点を求めると

$$c_0 = \frac{-\sqrt{3} + \sqrt{3-4}}{2} = \frac{-\sqrt{3} + j}{2}$$

$$c_1 = \frac{-\sqrt{3} - \sqrt{3-4}}{2} = \frac{-\sqrt{3} - j}{2}$$

補足 $H(z) = \sum_{k=0}^{M} b_k z^{-k} = \sum_{k=0}^{M} \frac{b_k}{z_k}$ と書くと $z=0$ が極であることがわかります．

が得られます．同様に分母多項式を因数分解して，極を求めると

$$d_1 = \frac{1+\sqrt{1-4}}{2} = \frac{1+j\sqrt{3}}{2}$$

$$d_2 = \frac{1-\sqrt{1-4}}{2} = \frac{1-j\sqrt{3}}{2}$$

が得られます．

6-6 ディジタルフィルタ

キーポイント

携帯電話やディジタルテレビに代表される電子機器のみならず，ディジタル信号処理技術が活躍している分野は幅広く存在します．そんなディジタル信号処理技術のなかでも重要なシステムがディジタルフィルタです．ディジタルフィルタの解析・設計は z 変換，伝達関数などの離散時間システムのための道具を用いて行います．

1 ディジタルフィルタの概要

ディジタルフィルタはディジタル信号処理における重要な基本信号処理回路であり，携帯電話，ディジタルテレビ，ディジタルオーディオのような音声・画像処理を目的とした応用のみならず，各種計測・制御機器，電子機器など幅広い分野で利用されています．その基本原理は本章で述べてきた LTI システムそのものです．ディジタルフィルタの利用目的は多岐にわたりますが，ここでは主たる目的として雑音除去を考えることにします．

ディジタルフィルタは差分方程式で記述される LTI システムと同様にインパルス応答長により以下の二つに分類されます．

① **FIR**(finite impulse response) フィルタ
② **IIR**(infinite impulse response) フィルタ

次項より，各フィルタの動作について考えていきます．

2 FIR フィルタ

FIR フィルタの例として，次式で表される $M+1$ 点平均化システムを考えます．

$$y(n) = \frac{1}{M+1} \sum_{k=0}^{M} x(n-k) \tag{6・78}$$

このシステムは現在の時刻 n を含めて過去 $M+1$ サンプルの入力の平均値を現在の値として出力するシステムです．たとえば，家庭用電源コンセントに混入したノイズを除去することを考えると，雑音はランダムに変動するため高周波成分を多く含んでいますので，$M+1$ サンプル区間においてプラス値とマイナス値が頻繁に変動すると考えられます．一方，電源電圧は数十 Hz であり，雑音に比べるとゆっくりと変動するため，$M+1$ サンプル区間では同じ符号でほとんど同じ

補足 ⇒ ノイズの平均は 0 であると仮定しています．

値をとると考えられます．そのため，このシステムのような平均化により雑音成分は除去され，電源電圧だけが出力されます．この動作について，周波数特性の観点から考えてみます．

（1）FIRフィルタの周波数特性

このシステムの伝達関数は次のようになります．

$$H(z) = \frac{1}{M+1} \sum_{k=0}^{M} z^{-k} \tag{6・79}$$

ここで，Mをフィルタ次数，$M+1$をフィルタ長といいます．上式に，$z = e^{j\omega}$を代入して周波数特性を求めると

$$H(\omega) = \frac{1}{M+1} \sum_{k=0}^{M} e^{-jk\omega} \tag{6・80}$$

となります．Mを偶数として，$H(\omega)$を次のように変形してみます．

$$H(\omega) = \frac{1}{M+1} \left(1 + e^{-j\omega} + \cdots + e^{-j\frac{M}{2}\omega} + \cdots + e^{-j(M-1)\omega} + e^{-jM\omega} \right) \tag{6・81}$$

$$= \frac{1}{M+1} e^{-j\frac{M}{2}\omega} \left(e^{j\frac{M}{2}\omega} + e^{j\left(\frac{M}{2}-1\right)\omega} + \cdots + 1 + \cdots + e^{-j\left(\frac{M}{2}-1\right)\omega} + e^{-j\frac{M}{2}\omega} \right) \tag{6・82}$$

$$= \frac{1}{M+1} e^{-j\frac{M}{2}\omega} \left(1 + 2\cos\omega + \cdots + 2\cos\left(\frac{M}{2}-1\right)\omega + 2\cos\frac{M}{2}\omega \right) \tag{6・83}$$

$$= e^{-j\frac{M}{2}\omega} Q(\omega) \tag{6・84}$$

ここで，$\cos\theta = (e^{j\theta} + e^{-j\theta})/2$の関係を用いました．また

$$Q(\omega) = \frac{1}{M+1} \left(1 + 2\cos\omega + \cdots + 2\cos\left(\frac{M}{2}-1\right)\omega + 2\cos\frac{M}{2}\omega \right) \tag{6・85}$$

とおきました．$Q(\omega)$は実数であるのに対し，$e^{-j\frac{M}{2}\omega}$は大きさが1で偏角が$-M\omega/2$の複素数を表しています．そのため，$H(\omega)$の振幅特性と位相特性を計算すると

$$|H(\omega)| = |Q(\omega)| \tag{6・86}$$

$$\angle H(\omega) = -\frac{M}{2}\omega \tag{6・87}$$

が得られます．

まず，振幅特性$|H(\omega)|$について考えます．**図6・11**に$M=6, 8, 10$の場合の$|H(\omega)|$を示します．なお，振幅特性は偶関数のため$\omega=0$あるいは$\omega=\pi$を中心に対称となるため，$0 \leqq \omega \leqq \pi$の範囲だけプロットしています．同図よりMの増大に伴い$|H(\omega)|$のメインローブ（$\omega=0$を頂点とする値の一番大きいカーブ）の幅が狭くなっていることがわかります．このフィルタはMが大きいほど出力を計算するのに多くの入力を使用するため，Mの増大に伴い，入力の平均値，

⚠ Mを指定すると自動的に位相特性が決まります．

つまり直流成分を出力するように動作します．これを周波数領域で考えると，$\omega=0$ 付近の成分のみ取り出し，残りの成分は除去するような特性になります．

また，$|H(\omega)|$ が零になる ω が存在することがわかります．これは，$H(z)$ の零点が単位円上に配置されているためです．たとえば，$M=2$ の簡単な場合を考えると，零点は $z^2+z+1=0$ の根 c_0, c_1 となり

$$c_0 = \frac{-1+j\sqrt{3}}{2} \tag{6・88}$$

$$c_1 = \frac{-1-j\sqrt{3}}{2} \tag{6・89}$$

と計算できます．$|c_0|=|c_1|=1$ であるため，零点が単位円に配置されていることがわかります．零点を ω 軸上でうまく配置すれば，特定の周波数成分を除去するフィルタを設計することができます．

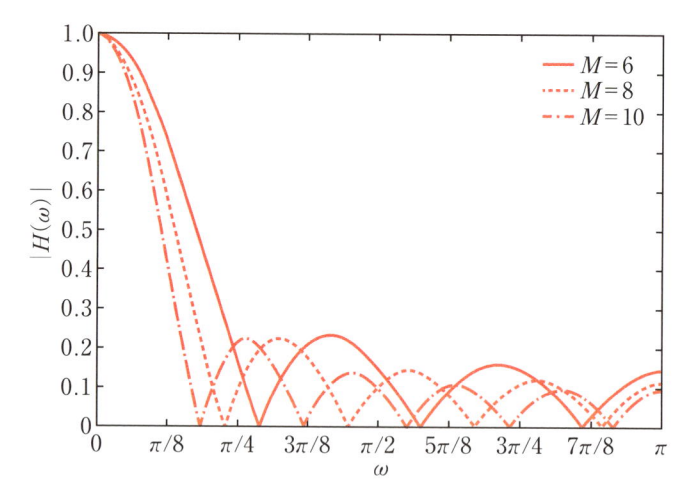

図6・11 ■ $M+1$ 点平均化システム(FIRフィルタ)の振幅特性

FIRフィルタによる平均化システムの例として，**図6・12**に雑音を含んだ正弦波を入力 $x(n)$ として加えた場合の $M=10, 20, 30, 40, 50, 100$ の場合の出力を示します．このように M を大きくするほど平均化に使用するデータ数が増加するため，雑音が効果的に除去されていることが確認できます．ただし，M を大きくしすぎると本来取り出したい正弦波までも平均化し，出力が零に近づく場合があるため，M の選定には注意が必要です．

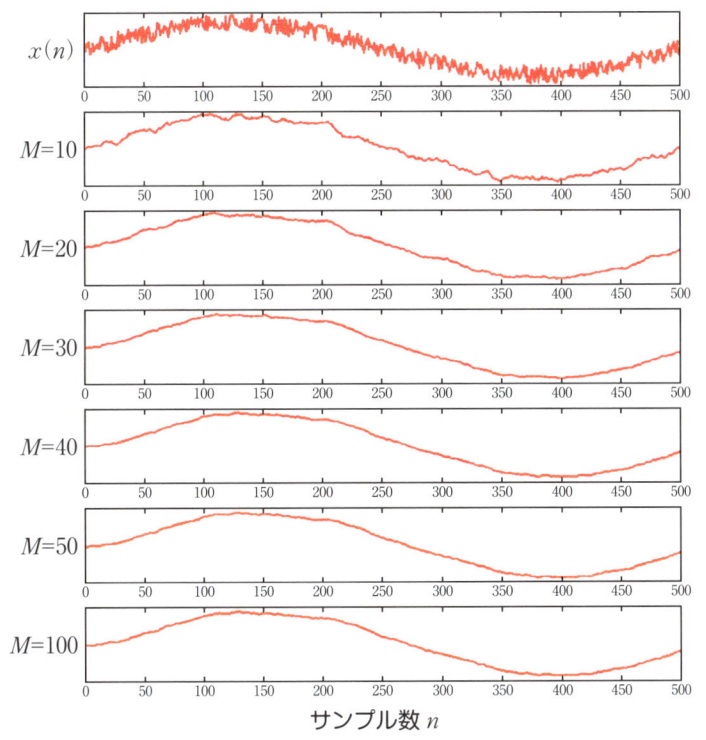

図6・12 ■ $M+1$ 点平均化システムの出力例

（2）直線位相特性

次に位相特性 $\angle H(\omega)$ について考えます．図 **6・13** に $M=6, 8, 10$ のときの $\angle H(\omega)$ を示します．このように $\angle H(\omega)$ は M の値にかかわらず，ω の増加とともに直線的に減少します．位相特性が $\angle H(\omega)=-\omega\tau$ のような直線状になる特性を**直線位相特性**といいます．直線位相特性はインパルス応答の対称性を用いて実現できる特性であるため，インパルス応答長が有限の FIR フィルタのみで実現可能な特性です．

補足 ➡ 画像処理では処理後に位置がずれないようにするために，直線位相特性は必須です．

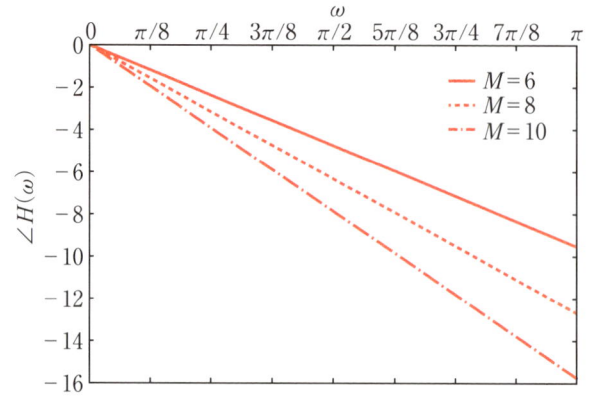

図6・13 $M+1$ 点平均化システム（FIRフィルタ）の位相特性

　位相特性は，各周波数の正弦波がフィルタを通過した際に生じる遅延を定めるものです．例として，**図6・14**に示すような三つの周波数成分をもつ信号を入力する場合を考えます．フィルタの特性として，各周波数成分に遅延のみを与え，大きさは変化させない（$|H(\omega)|=1$）場合を考えます．

　直線位相特性 $\angle H(\omega)=-\omega\tau$ において，τ は各周波数で生じる遅延を表します．直線位相特性では，どの周波数でも同じ時間だけ遅れるので，図6・14のようにフィルタ通過前後の波形が変化することなく，時間だけ遅れます．

　一方，非直線位相特性では，周波数ごとに遅延時間が異なるため，**図6・15**に示すように，振幅特性は $|H(\omega)|=1$ であるにもかかわらず，システム通過前後で波形が変化します．ディジタルフィルタのようなLTIシステムでは，不要な周波数成分を除去することが目的ですが，同時に必要な成分（波形）はそのまま保存して出力したいという要求が多くあります．そのような場合に，直線位相特性は重要な特性となります．

　位相特性の直線性を測るための指標として，**群遅延特性**（group delay）が用いられます．群遅延特性を $\tau(\omega)$ と書くことにすると

$$\tau(\omega)=-\frac{d}{d\omega}\angle H(\omega) \tag{6・90}$$

と定義されます．直線位相特性の場合は，$\tau(\omega)$ は一定値となります．逆に非直線位相特性の場合は，$\tau(\omega)$ は ω の関数となり，周波数によって遅延時間が異なります．

補足 ➡ M を増やすと雑音除去性能は上がりますが，遅延時間も増大するため，実用的ではない場合があります．

図6・14 ■直線位相特性の動作

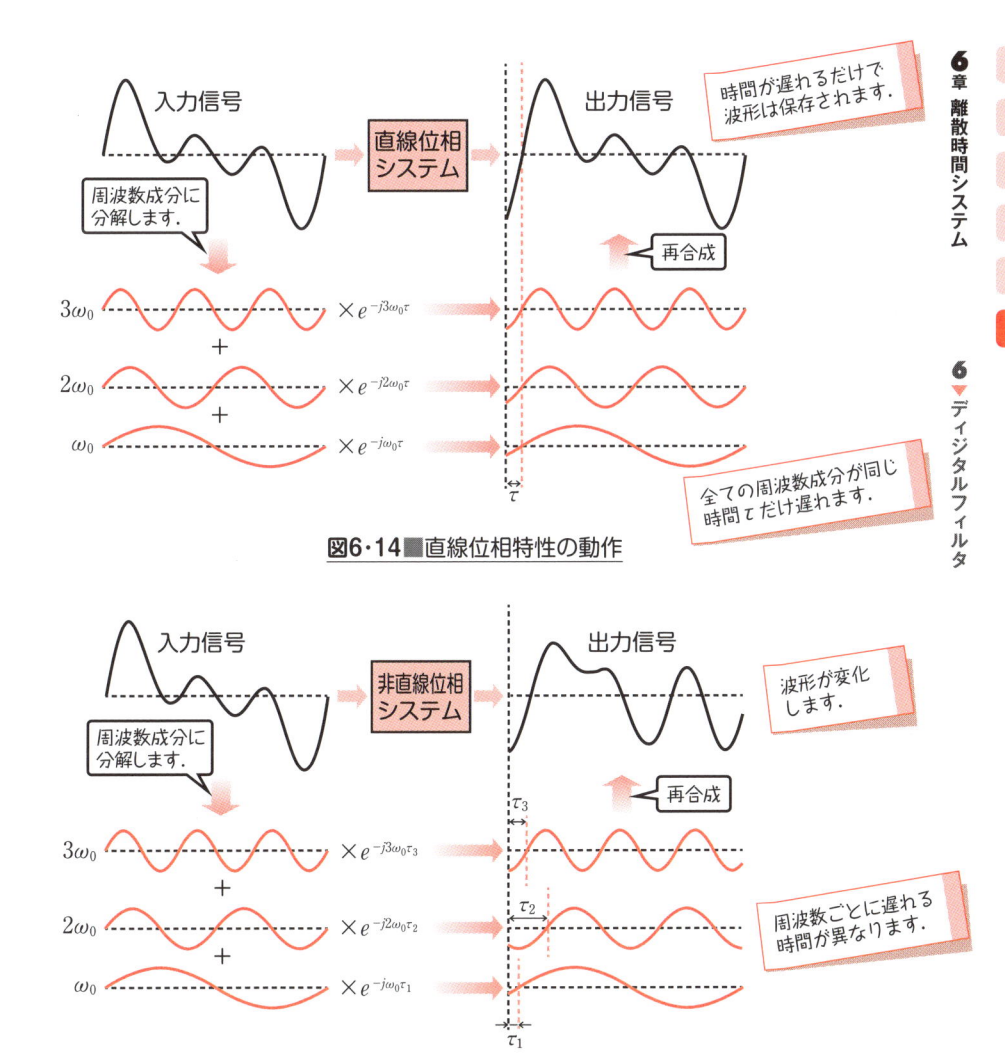

図6・15 ■非直線位相特性の動作

3 IIRフィルタ

IIRフィルタの大きな特徴は出力を入力にフィードバックする帰還回路が存在することです．IIRフィルタの例として，次の差分方程式で表される二次のシステムを考えます．

$$y(n)=2r\cos\psi\, y(n-1)-r^2 y(n-2)+x(n) \tag{6・91}$$

この両辺を z 変換すると

$$Y(z)=2r\cos\psi\, z^{-1}Y(z)-r^2 z^{-2}Y(z)+X(z) \tag{6・92}$$

が得られるため，伝達関数 $H(z)$ は次のように計算できます．

$$H(z)=\frac{1}{1-2r\cos\psi\, z^{-1}+r^2 z^{-2}} \tag{6・93}$$

分母多項式を因数分解し，$H(z)$ の極 d_1, d_2 を求めると

$$d_1=r(\cos\psi+j\sin\psi)=re^{j\psi} \tag{6・94}$$

$$d_2=r(\cos\psi-j\sin\psi)=re^{-j\psi} \tag{6・95}$$

が求められます．d_1, d_2 は複素共役の関係にあります．このように z の多項式の係数が実数となる場合，その根は実数または複素共役となります．また，$H(z)$ が安定なフィルタの伝達関数であるためには $|r|<1$ が成立することが条件となります．

$z=e^{j\omega}$ とおいて振幅特性 $|H(\omega)|$ および位相特性 $\angle H(\omega)$ を求めると

$$|H(\omega)|=\frac{1}{\sqrt{\{1+r^2-2r\cos(\omega-\psi)\}\{1+r^2-2r\cos(\omega+\psi)\}}} \tag{6・96}$$

$$\angle H(\omega)=2\omega-\tan^{-1}\frac{\sin\omega-r\sin\psi}{\cos\omega-r\cos\psi}-\tan^{-1}\frac{\sin\omega+r\sin\psi}{\cos\omega-r\cos\psi} \tag{6・97}$$

が求まります．やや複雑ですが，極と零点を用いた振幅特性と位相特性の計算法を用いれば導出できますので，挑戦してみてください．

図6・16 に $\psi=\dfrac{\pi}{3}$，$r=0.2, 0.4, 0.6, 0.8$ のときの $|H(\omega)|$ を示します．次に**図6・17** に $r=0.8$，$\psi=\dfrac{\pi}{6}, \dfrac{\pi}{3}, \dfrac{\pi}{2}, \dfrac{2\pi}{3}, \dfrac{5\pi}{6}$ のときの $|H(\omega)|$ を示します．これらの結果より，ピークの鋭さを変えたい場合は r，ピークの位置を動かしたい場合は ψ を調整すればよいことがわかります．

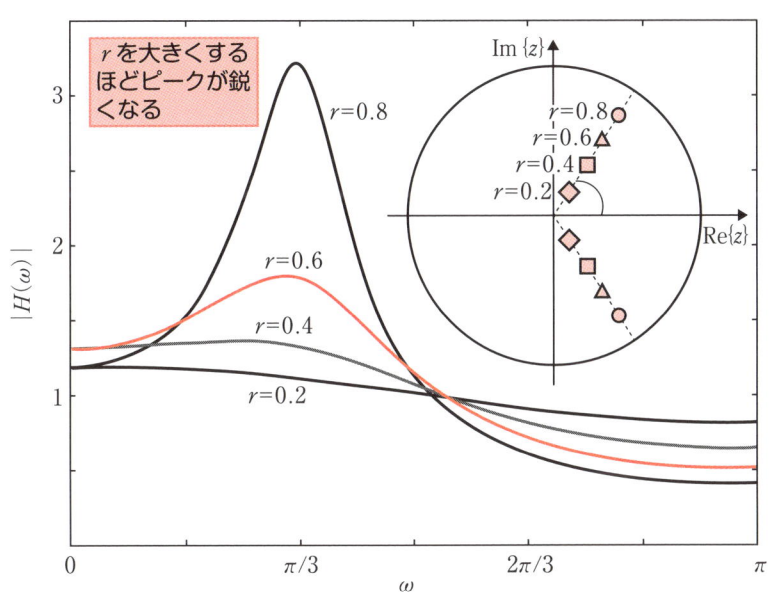

rを大きくするほどピークが鋭くなる

図6・16 $\psi=\pi/3$, $r=0.2, 0.4, 0.6, 0.8$のときの$|H(\omega)|$

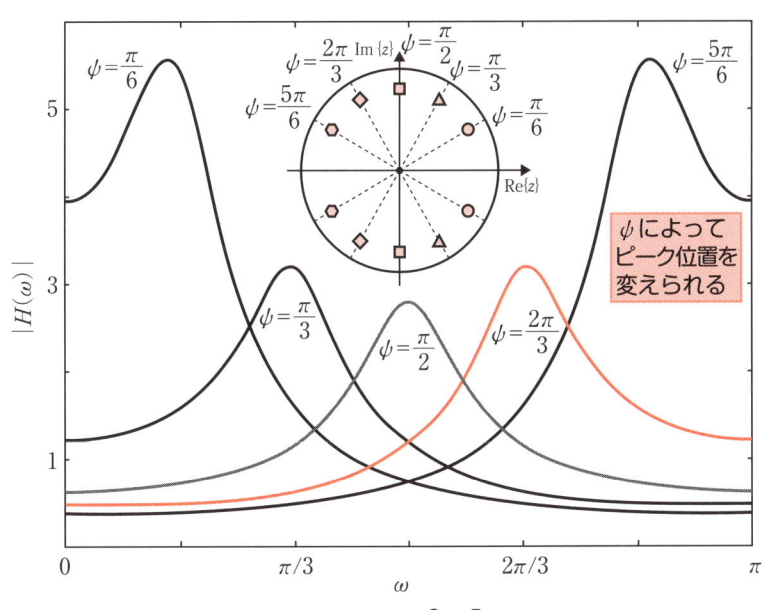

ψによってピーク位置を変えられる

図6・17 $r=0.8$, $\psi=\dfrac{\pi}{6}, \dfrac{\pi}{3}, \dfrac{\pi}{2}, \dfrac{2\pi}{3}, \dfrac{5\pi}{6}$のときの$|H(\omega)|$

4 ディジタルフィルタの回路構成

本節では，ディジタルフィルタの回路構成について簡単に紹介します．ディジタルフィルタは**図 6·18** に示すような三つの要素のみで構成できます．z^{-1} は 1 サンプルの遅延器，つまりメモリを表します．ディジタルフィルタの動作を記述する差分方程式には加算，乗算（定係数倍），遅延のみが含まれていますので，3 要素のみで十分です．

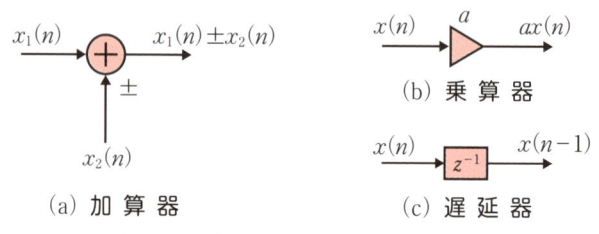

(a) 加算器　(b) 乗算器　(c) 遅延器

図6·18 ■ディジタルフィルタの構成要素

（1）FIR フィルタの回路構成

FIR フィルタの入出力関係は

$$y(n) = \sum_{k=0}^{M} h(k)x(n-k) \tag{6·98}$$

で表されました．この関係を図 6·18 の構成要素を用いて実現すると，**図 6·19** のようになります．

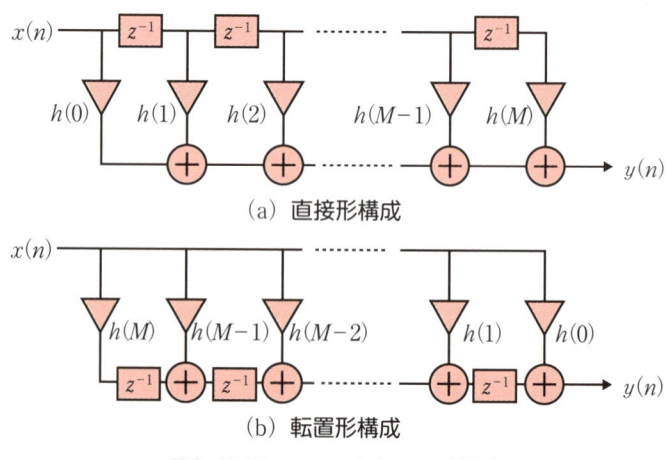

(a) 直接形構成

(b) 転置形構成

図6·19 ■FIRフィルタの回路構成

図6·19(a)は直接形と呼ばれ，式(6·79)を直接的に表現した構成です．つまり，入力を遅延した後に係数を乗算し，加算するという手順で実行されます．一方，図6·19(b)は転置形と呼ばれ，先に係数を乗算し，その結果を遅延して加算するという手順で実行されます．どちらの構成を用いても出力は同じですが，転置形の場合は遅延器の入力が乗算結果であるため，必要とする語長（ビット数）が長くなる場合があります．

（2）IIRフィルタの回路構成

IIRフィルタの入出力関係は，

$$y(n) = -\sum_{k=1}^{N} a_k y(n-k) + \sum_{k=0}^{M} b_k x(n-k) \tag{6·99}$$

で表されました．**図6·20**に，この関係を実現した回路を示します．

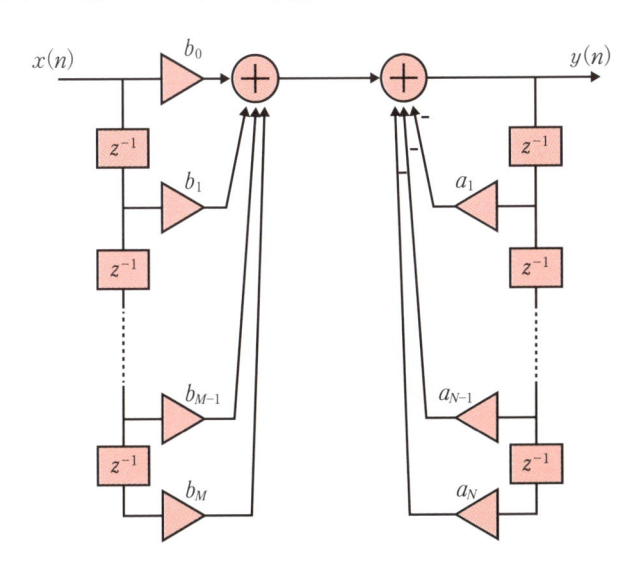

図6·20 ■ IIRフィルタの回路構成：直接形構成

IIRフィルタの伝達関数$H(z)$を次のように書き換えてみます．

$$H(z) = \left(\sum_{k=0}^{M} b_k z^{-k}\right)\left(\frac{1}{1+\sum_{k=1}^{N} a_k z^{-k}}\right) \tag{6·100}$$

右辺の前部分はFIRフィルタの伝達関数，後部分はフィードバック回路の伝達関数を表しています．この二つの部分の順番を入れ換えても$H(z)$の関数形は変わらないため，**図6·21**の回路構成でも実現できます．この構成では，遅延器を

共有できるため，回路規模の削減が可能です．

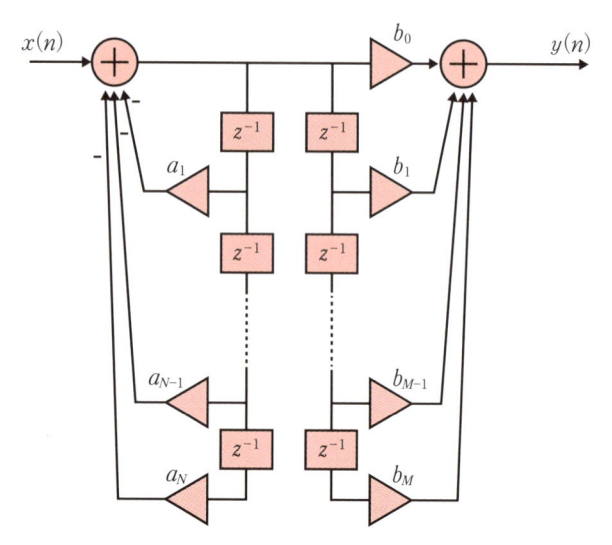

図6・21 ■順序の入換えによるIIRフィルタの回路構成

まとめ

　ディジタルフィルタはFIRフィルタとIIRフィルタに分類されます．FIRフィルタは絶対安定，完全直線位相特性の実現が可能という特徴をもちます．IIRフィルタはz平面上の極や零点の位置により，自由度の高い周波数特性の調整が可能ですが，安定性を考慮する必要があります．また，ディジタルフィルタは遅延器，加算器，乗算器で構成されます．

練習問題

① 図に示すようなインパルス応答 $h(n)$ をもつ離散時間システムに $x(n)$ を入力した。システムの出力 $y(n), n=-1, 0, 1, 2, 3$ を求めなさい。

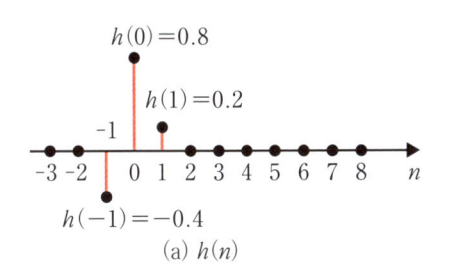

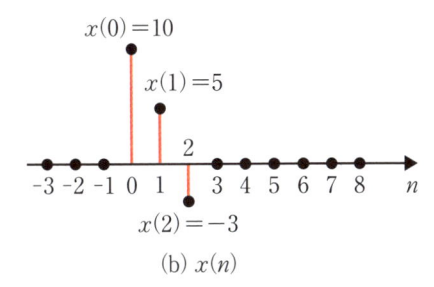

(a) $h(n)$: $h(-1)=-0.4$, $h(0)=0.8$, $h(1)=0.2$

(b) $x(n)$: $x(0)=10$, $x(1)=5$, $x(2)=-3$

② $x(n)=u(n)\cos\omega_0 n$ の z 変換 $X(z)$ を求めなさい。

③ 入出力関係が次式で表される離散時間システムの伝達関数 $H(z)$、ならびに極と零点をすべて求めなさい。

$$y(n) = 0.8y(n-1) - 0.64y(n-2) + x(n) + 1.5x(n-1) + 2.25x(n-2)$$

④ フィルタ係数が $h(0)=0.3, h(1)=-0.2, h(2)=-0.6, h(3)=0.8, h(4)=-0.6, h(5)=-0.2, h(6)=0.3$ の FIR フィルタの振幅特性 $|H(\omega)|$ と位相特性 $\angle H(\omega)$ を求めなさい。

練習問題 解答＆解説

2章

①

(1) 周期を T とすると，$\dfrac{2\pi}{T}t = 4\pi t$ の関係が成り立つので，$T = 1/2$ となる．

(2) $\cos \pi t$ の周期を T_1，$2\sin 2\pi t$ の周期を T_2 とすると，$T_1 = 2$ および $T_2 = 1$ となる．与えられた信号の周期 T は，それらの T_1 と T_2 の最小公倍数となるので，$T = 1$ となる．

(3) $|\sin 3\pi t|$ の周期は $\sin 3\pi t$ の周期の $1/2$ となることがわかる．$\sin 3\pi t$ の周期を T とすると，$\dfrac{2\pi}{T}t = 3\pi t$ の関係が成り立つので，$T = 2/3$ となり，$|\sin 3\pi t|$ の周期はその半分の $1/3$ となる．

(4) 周期を T とすると，$\dfrac{2\pi}{T}t = \dfrac{\pi}{2}t$ の関係が成り立つので，$T = 4$ となる．

②

(1) オイラーの公式を使うと
$$\cos^2 \pi t = \left(\frac{e^{j\pi t} + e^{-j\pi t}}{2}\right)^2 = \frac{1}{4}e^{-j2\pi t} + \frac{1}{2} + \frac{1}{4}e^{j2\pi t}$$
を得る．得られた右辺が，複素フーリエ級数展開になっている．よって，この問題では，複素フーリエ係数を積分によって計算する必要はない．

(2) $x_1(t)$ の周期が $T = 1$，基本角周波数が $\omega_0 = 2\pi$ であることがわかる．まず，直流成分 c_0 は，$x_1(t)$ の平均値なので
$$c_0 = \frac{1}{2}$$
となる．一つの周期区間において，信号の面積を周期で割れば計算することができる．つぎに，$c_k (k \neq 0)$ は，次のように求めることができる．
$$c_k = \int_{-1/4}^{1/4} e^{-j2\pi k t}\, dt = \frac{1}{-j2\pi k}\left[e^{-j2\pi k t}\right]_{-1/4}^{1/4}$$
$$= \frac{1}{-j2\pi k}(e^{-j\pi k/2} - e^{j\pi k/2}) = \frac{1}{\pi k}\sin\frac{\pi k}{2}$$
$$= \begin{cases} 0 & (k = 4n, k \neq 0) \\ 1/(k\pi) & (k = 4n+1) \\ 0 & (k = 4n+2) \\ -1/(k\pi) & (k = 4n+3) \end{cases} \quad (n:整数)$$

したがって，$x_1(t)$ の複素フーリエ級数展開は
$$x_1(t) = \cdots + \frac{1}{5\pi}e^{-j5(2\pi)t} - \frac{1}{3\pi}e^{-j3(2\pi)t} + \frac{1}{\pi}e^{-j2\pi t} + \frac{1}{2} + \frac{1}{\pi}e^{j2\pi t} - \frac{1}{3\pi}e^{j3(2\pi)t}$$
$$+ \frac{1}{5\pi}e^{j5(2\pi)t} + \cdots$$

160

となる．

(3) $x_2(t)$ は $x_1(t)$ を用いて

$$x_2(t)=3x_1\left(t-\frac{1}{4}\right)-1$$

と表すことができる．前問の結果を用いて，c_0 は次のようになる．

$$c_0=3\left(\frac{1}{2}\right)-1=\frac{1}{2}$$

-1 は，直流成分に加算されることに注意しよう．$c_k(k\neq 0)$ は，時間シフトの性質を用いると，次のようになる．

$$c_k=3\frac{1}{\pi k}\sin\left(\frac{\pi k}{2}\right)e^{jk2\pi(-1/4)}=\frac{3}{\pi k}\sin\left(\frac{\pi k}{2}\right)(-j)^k$$

$$=\begin{cases}0 & (k=2n, k\neq 0)\\ 3/(jk\pi) & (k=2n+1)\end{cases} \quad (n: 整数)$$

したがって，$x_2(t)$ の複素フーリエ級数展開は

$$x_2(t)=\cdots-\frac{3}{j5\pi}e^{-j5(2\pi)t}-\frac{3}{j3\pi}e^{-j3(2\pi)t}-\frac{3}{j\pi}e^{-j2\pi t}+\frac{1}{2}+\frac{3}{j\pi}e^{j2\pi t}+\frac{3}{j3\pi}e^{j3(2\pi)t}$$

$$+\frac{3}{j5\pi}e^{j5(2\pi)t}+\cdots$$

となる．

(4) $|\sin\pi t|$ の周期が $T=1$，基本角周波数が $\omega_0=2\pi$ であることがわかる．$k=0$ のときは

$$c_k=\int_0^1 \sin\pi t\,dt=-\frac{1}{\pi}[\cos\pi t]_0^1=\frac{2}{\pi}$$

となる．$k\neq 0$ のときは，オイラーの公式を利用して，次のように計算ができる．

$$c_k=\int_0^1 \sin\pi t e^{-jk(2\pi)t}\,dt=\frac{1}{j2}\int_0^1(e^{j\pi t}-e^{-j\pi t})e^{-jk(2\pi)t}\,dt$$

$$=\frac{1}{j2}\int_0^1(e^{j(-2k+1)\pi t}-e^{-j(2k+1)\pi t})\,dt$$

$$=\frac{1}{j2}\left\{\frac{1}{j(-2k+1)\pi}\left[e^{j(-2k+1)\pi t}\right]_0^1-\frac{1}{-j(2k+1)\pi}\left[e^{-j(2k+1)\pi t}\right]_0^1\right\}$$

$$=-\frac{1}{2\pi}\left\{\frac{1}{-2k+1}(e^{j(-2k+1)\pi}-1)+\frac{1}{2k+1}(e^{-j(2k+1)\pi}-1)\right\}$$

$$=-\frac{1}{2\pi}\left\{\frac{1}{-2k+1}(-1-1)+\frac{1}{2k+1}(-1-1)\right\}$$

$$=\frac{1}{\pi}\left(\frac{1}{-2k+1}+\frac{1}{2k+1}\right)=\frac{2}{\pi(1-4k^2)}$$

$k=0$ と $k\neq 0$ で計算を分けて行ったが，上記の計算からわかるように，分けずに計算することができる．

③

(1) オイラーの公式を用いて
$$\sin \omega_0 t = \frac{e^{j\omega_0 t} - e^{-j\omega_0 t}}{j2}$$
と変形します．$e^{j\omega_0 t} \longleftrightarrow 2\pi\delta(\omega-\omega_0)$ の関係と線形性により
$$\sin \omega_0 t \longleftrightarrow -j\pi\{\delta(\omega-\omega_0)-\delta(\omega+\omega_0)\}$$
を得る．

(2) $x(t)$ は，2章例題10の信号を $T/2$ だけ遅らせた信号になっている．よって，時間シフトの性質を利用すると
$$X(\omega) = \frac{2\sin(\omega T/2)}{\omega} \cdot e^{-j\omega T/2} = \frac{2\sin(\omega T/2)}{\omega} e^{-j\omega T/2}$$
を得る．

(3) 定義の通りに計算を行う．
$$X(\omega) = \int_{-\infty}^{0} e^{at} e^{-j\omega t}\,dt + \int_{0}^{\infty} e^{-at} e^{-j\omega t}\,dt$$
$$= \int_{-\infty}^{0} e^{(a-j\omega)t}\,dt + \int_{0}^{\infty} e^{-(a+j\omega)t}\,dt$$
$$= \frac{1}{a-j\omega} + \frac{1}{a+j\omega} = \frac{2a}{a^2+\omega^2}$$

④

(1) $\cos \omega_0 t \longleftrightarrow \pi\{\delta(\omega-\omega_0)+\delta(\omega+\omega_0)\}$ の関係があるので，$x(t) = 4\cos\omega_0 t$ となる．

(2) 定義通りに計算を行う．
$$x(t) = \frac{1}{2\pi}\int_{-\omega_c}^{\omega_c} e^{j\omega t}\,d\omega = \frac{1}{2\pi} \cdot \frac{1}{jt}[e^{j\omega t}]_{-\omega_c}^{\omega_c}$$
$$= \frac{1}{j2\pi t}(e^{j\omega_c t} - e^{-j\omega_c t}) = \frac{1}{\pi t}\sin \omega_c t$$

3章

① $0 \leqq t-\tau \leqq 1$，すなわち $t-1 \leqq \tau \leqq t$ のとき，$x(t-\tau)=1$ である．
したがって，$t<0$ では $\tau \leqq t<0$ のとき，$x(t-\tau)=1$ である．
一方，$\tau<0$ のとき，$h(\tau)=0$ である．
よって $t<0$ では
$$y(t) = \int_{-\infty}^{+\infty} h(\tau)x(t-\tau)\,d\tau = 0 \quad (t<0)$$
$0 \leqq t < 1$ のとき，$\tau \leqq t$ で $x(t-\tau)=1$ である．
$0 \leqq \tau \leqq 2$ のとき，$h(\tau) = 1 - \dfrac{\tau}{2}$ であるので

$$y(t)=\int_0^t\left(1-\frac{\tau}{2}\right)d\tau=\left[\tau-\frac{\tau^2}{4}\right]_0^t=t-\frac{t^2}{4} \quad (0\leqq t<1)$$

$1\leqq t\leqq 2$ のとき，$t-1\leqq \tau\leqq t$ で $x(t-\tau)=1$ である．
$0\leqq \tau\leqq 2$ のとき，$h(\tau)=1-\dfrac{\tau}{2}$ であるので

$$y(t)=\int_{t-1}^t\left(1-\frac{\tau}{2}\right)d\tau=\left[\tau-\frac{\tau^2}{4}\right]_{t-1}^t=\frac{5-2t}{4} \quad (1\leqq t<2)$$

$2\leqq t\leqq 3$ のとき，$t-1\leqq \tau\leqq 2$ で $x(t-\tau)=1$ である．
$0\leqq \tau\leqq 2$ のとき，$h(\tau)=1-\dfrac{\tau}{2}$ であるので

$$y(t)=\int_{t-1}^2\left(1-\frac{\tau}{2}\right)d\tau=\left[\tau-\frac{\tau^2}{4}\right]_{t-1}^2=\frac{t^2-6t+9}{4} \quad (2\leqq t<3)$$

$3\leqq t$ のとき，$2\leqq \tau$ で $x(t-\tau)=1$ である．
一方，$2<\tau$ のとき，$h(\tau)=0$ である．
よって $3\leqq t$ では

$$y(t)=\int_{-\infty}^{+\infty}h(\tau)x(t-\tau)d\tau=0 \quad (3\leqq t)$$

― ―

② ラプラス変換表より

$$\mathcal{L}[e^{at}]=\frac{1}{s-a}$$

であるので

$$X(s)=\mathcal{L}[x(t)]=\mathcal{L}[5e^{-2t}-2e^{-5t}]=5\mathcal{L}[e^{-2t}]-2\mathcal{L}[e^{-5t}]=\frac{5}{s+2}-\frac{2}{s+5}$$

$$=\frac{3s+21}{s^2+7s+10}$$

― ―

③ ラプラス変換表より

$$\mathcal{L}[\sin \omega t]=\frac{\omega}{s^2+\omega^2}$$

$$\mathcal{L}[\cos \omega t]=\frac{s}{s^2+\omega^2}$$

$$\mathcal{L}[e^{at}x(t)]=X(s-a)$$

であるので

$$X(s)=\mathcal{L}[x(t)]=\mathcal{L}[e^{-4t}(\sin 3t+\cos 3t)]=\mathcal{L}[e^{-4t}\sin 3t]+\mathcal{L}[e^{-4t}\cos 3t]$$

$$=\frac{3}{(s+4)^2+3^2}+\frac{s+4}{(s+4)^2+3^2}=\frac{s+7}{s^2+8s+25}$$

― ―

④ $X(s)$ を部分分数展開する

$$X(s)=\frac{s^2+12s+24}{s^3+9s^2+26s+24}=\frac{s^2+12s+24}{(s+2)(s+3)(s+4)}=\frac{A_1}{s+2}+\frac{A_2}{s+3}+\frac{A_3}{s+4}$$

ヘヴィサイトの方法より

$$A_1 = \frac{s^2+12s+24}{(s+3)(s+4)}\bigg|_{s=-2} = \frac{4-24+24}{1\cdot 2} = 2$$

$$A_2 = \frac{s^2+12s+24}{(s+2)(s+4)}\bigg|_{s=-3} = \frac{9-36+24}{-1\cdot 1} = 3$$

$$A_3 = \frac{s^2+12s+24}{(s+2)(s+3)}\bigg|_{s=-4} = \frac{16-48+24}{-2\cdot(-1)} = -4$$

よって $X(s)$ は以下のように部分分数展開できる

$$X(s) = \frac{s^2+12s+24}{s^3+9s^2+26s+24} = \frac{2}{s+2} + \frac{3}{s+3} - \frac{4}{s+4}$$

ラプラス変換表より

$$\mathcal{L}^{-1}\left[\frac{1}{s-a}\right] = e^{at}$$

であるので

$$x(t) = \mathcal{L}^{-1}[X(s)] = \mathcal{L}^{-1}\left[\frac{2}{s+2} + \frac{3}{s+3} - \frac{4}{s+4}\right]$$

$$= 2\mathcal{L}^{-1}\left[\frac{1}{s+2}\right] + 3\mathcal{L}^{-1}\left[\frac{1}{s+3}\right] - 4\mathcal{L}^{-1}\left[\frac{4}{s+4}\right] = 2e^{-2t} + 3e^{-3t} - 4e^{-4t}$$

⑤ $X(s)$ を以下のようにおく.

$$X(s) = \frac{s+7}{s^2+10s+29} = \frac{A_1 s + A_2}{s^2+10s+29}$$

$s^2+10s+29=0$ の根は $s=-5\pm j2$ なので,ヘヴィサイトの方法より

$$A_1 s + A_2 = s+7|_{s=-5\pm j2} = 2 \pm j2 = (-5 \pm j2)A_1 + A_2$$

実数部と虚数部を比較することによって

$$A_1 = 1, \quad A_2 = 7$$

以上から

$$X(s) = \frac{s+7}{s^2+10s+29} = \frac{s+5}{(s+5)^2+2^2} + \frac{2}{(s+5)^2+2^2}$$

ラプラス変換表より

$$\mathcal{L}^{-1}\left[\frac{\omega}{s^2+\omega^2}\right] = \sin \omega t$$

$$\mathcal{L}^{-1}\left[\frac{s}{s^2+\omega^2}\right] = \cos \omega t$$

$$\mathcal{L}^{-1}[X(s-a)] = e^{at}x(t)$$

であるので

$$x(t) = \mathcal{L}^{-1}[X(s)] = \mathcal{L}^{-1}\left[\frac{s+5}{(s+5)^2+2^2}\right] + \mathcal{L}^{-1}\left[\frac{2}{(s+5)^2+2^2}\right] = e^{-5t}(\cos 2t + \sin 2t)$$

⑥ すべての初期条件が 0 のときのラプラス変換を考えればよいので
$$s^2 Y(s) + 3sY(s) + 2Y(s) = X(s)$$
　したがって伝達関数は
$$H(s) = \frac{Y(s)}{X(s)} = \frac{1}{s^2+3s+2} = \frac{1}{s+1} - \frac{1}{s+2}$$
となる．よって，インパルス応答は
$$h(t) = (e^{-t} - e^{-2t})u(t)$$
である．また，周波数特性は
$$H(\omega) = \frac{1}{2-\omega^2+j3\omega}$$
であり，周波数振幅特性ならびに周波数位相特性は
$$|H(\omega)| = \frac{1}{\sqrt{\omega^4+5\omega^2+4}}, \quad \angle H(\omega) = -\tan^{-1}\frac{3\omega}{2-\omega^2}$$
と求められる．

⑦ すべての初期条件が 0 のときのラプラス変換を考えればよいので
$$4s^2 Y(s) + 4sY(s) + 2Y(s) = X(s)$$
　したがって伝達関数は
$$H(s) = \frac{Y(s)}{X(s)} = \frac{1}{4s^2+4s+2} = \frac{1}{4} \cdot \frac{1}{\left(s+\frac{1}{2}\right)^2 + \frac{1}{4}}$$
となる．よって，インパルス応答は
$$h(t) = \frac{1}{2} e^{-\frac{t}{2}} \sin\frac{t}{2} \cdot u(t)$$
である．また，周波数特性は
$$H(\omega) = \frac{1}{2-4\omega^2+j4\omega}$$
であり，周波数振幅特性ならびに周波数位相特性は
$$|H(\omega)| = \frac{1}{\sqrt{16\omega^4+4}}, \quad \angle H(\omega) = -\tan^{-1}\frac{2\omega}{1-2\omega^2}$$
と求められる．

4章

①
(1) アナログ信号の最大周波数は実数倍，遅延，加算を行っても変化しないことから，$y(t)$ の最大周波数は $x(t)$ の最大周波数と同じである．よって，$y(t)$ の最大周波数 f_n は 100 Hz である．よってナイキストレート f_s は $f_s = 2f_n = 200$ Hz．

(2)　$z(t) = x(t) \cdot \cos(200\pi t) = x(t)\left(\dfrac{e^{j200\pi t} + e^{-j200\pi t}}{2}\right) = \dfrac{1}{2}x(t)(e^{j200\pi t} + e^{-j200\pi t})$

2-5節4項より $x(t)$ のフーリエ変換対を $X(\omega)$ とするとき，$z(t)$ のフーリエ変換 $Z(\omega)$ は

$$Z(\omega) = \dfrac{1}{2}\{X(\omega - 200\pi t) + X(\omega + 200\pi t)\}$$

となる．$X(\omega)$ の最大周波数が 100 Hz であるから，$Z(\omega)$ の最大周波数 f_n は $100 + (200\pi/2\pi) = 200$ Hz となる．よって，ナイキストレート f_s は $f_s = 2f_n = 400$ Hz．

・・

② サンプリング間隔 $T_s = 1/1000$ であるから

$$x(n) = \sin\left\{200\pi\left(\dfrac{n}{1000}\right) - \dfrac{\pi}{3}\right\} = \sin\left(\dfrac{\pi n}{5} - \dfrac{\pi}{3}\right)$$

別の信号を 1000 Hz でサンプリングして得た離散時間信号を $y(n)$ とするとき

$$y(n) = \sin\left(\dfrac{2\pi f_0 n}{1000} + \theta\right)$$

となる．$f_0 = 1000 + f_1$ とおくと

$$y(n) = \sin\left(2\pi n + \dfrac{2\pi f_1 n}{1000} + \theta\right) = \sin\left(\dfrac{2\pi f_1 n}{1000} + \theta\right) = x(n) = \sin\left(\dfrac{\pi n}{5} - \dfrac{\pi}{3}\right)$$

よって，$f_1 = 100$ Hz となるから，$f_0 = 1000 + 100 = 1100$ Hz，$\theta = -\dfrac{\pi}{3}$ である．

・・

③ 連続時間信号 $x(t)$ をサンプリング間隔 T でサンプリングして得た信号を $x_a(nT)$ とすれば，$x_a(nT) = (0.8)^{nT}$ となる．サンプリング間隔 $T = 1/f_s = 2(s)$ であるから，離散時間信号は $x(n) = (0.8)^{2n}$ となる．量子化ステップサイズ $\varDelta = 0.2$ であるから，量子化後の信号振幅値は $\{0, 0.2, 0.4, 0.6, 0.8, 1\}$ のいずれかの値となる．量子化誤差 $e_q(n)$ は丸め量子化信号を $x_q(n)$ とするとき $e_q(n) = x_q(n) - x(n)$ となる．

以上より，離散時間信号 $x(n)$，丸め量子化信号 $x_q(n)$，丸め量子化誤差 $e_q(n)$ を下表にまとめる．

n	離散時間信号 $x(n)$	丸め量子化信号 $x_q(n)$	丸め量子化誤差 $e_q(n)$
0	1	1	0
1	0.64	0.6	-0.04
2	0.4096	0.4	-0.0096
3	0.262144	0.3	0.037856
4	0.16777216	0.2	0.03222784

そして，$n = 0 \sim 4$ における丸め誤差の平均は 0.004096768 である．

5章

① (1) $X(\Omega) = \sum_{n=-\infty}^{\infty} \delta(n-2) e^{-j\Omega n} = e^{-j2\Omega}$

(2) 式 (5・28) を利用すると，$X(\Omega) = \pi\delta(\Omega - \pi/3) + \pi\delta(\Omega + \pi/3)$ を得る．

(3) $x(n)$ は，式 (5・29) のパルス信号を 1 だけ時間シフトした信号になっている．DTFT の時間シフトの性質より，$X(\Omega) = (1 + 2\cos\Omega) e^{-j\Omega}$ となる．

直接，定義式を用いて解いても同じ結果になる．

$$X(\Omega) = \sum_{n=-\infty}^{\infty} x(n) e^{-j\Omega n} = 1 + e^{-j\Omega} + e^{-j2\Omega}$$
$$= (e^{j\Omega} + 1 + e^{-j\Omega}) e^{-j\Omega} = (1 + 2\cos\Omega) e^{-j\Omega}$$

(4) $X(\Omega) = \sum_{n=-\infty}^{-1} a^{-n} e^{-j\Omega n} + a^0 e^{-j\Omega 0} + \sum_{n=1}^{\infty} a^n e^{-j\Omega n}$

$= \sum_{n=1}^{\infty} a^n e^{j\Omega n} + 1 + \sum_{n=1}^{\infty} a^n e^{-j\Omega n}$

$= \dfrac{ae^{j\Omega}}{1 - ae^{j\Omega}} + \dfrac{1}{1 - ae^{-j\Omega}} = \dfrac{1 - a^2}{(1 - ae^{j\Omega})(1 - ae^{-j\Omega})}$

$= \dfrac{1 - a^2}{1 + a^2 - 2a\cos\Omega}$

---

② (1) 式 (5・28) の関係から，$x(n) = \dfrac{1}{\pi} \cos\left(\dfrac{\pi}{2} n\right)$ を得る．

(2) オイラーの公式より

$$X(\Omega) = \cos\Omega = \left(\dfrac{1}{2}\right) e^{j\Omega} + \left(\dfrac{1}{2}\right) e^{-j\Omega}$$

を得る．$\delta(n) \longleftrightarrow 1$ に対して時間シフトの性質を適用すると $\delta(n \pm 1) \longleftrightarrow e^{\pm j\Omega}$ となる．この関係を利用すれば

$$x(n) = \left(\dfrac{1}{2}\right) \delta(n+1) + \left(\dfrac{1}{2}\right) \delta(n-1)$$

を得る．

(3) IDFT の定義に従って計算する．$n \neq 0$ のときは

$$x(n) = \dfrac{1}{2\pi} \int_{-\pi}^{\pi} X(\Omega) e^{j\Omega n} d\Omega = \dfrac{1}{2\pi} \int_{-\Omega_c}^{\Omega_c} e^{j\Omega n} d\Omega$$
$$= \dfrac{1}{2\pi} \left[\dfrac{1}{jn} e^{j\Omega n}\right]_{-\Omega_c}^{\Omega_c} = \dfrac{1}{2\pi jn} (e^{j\Omega_c n} - e^{-j\Omega_c n}) = \dfrac{\sin \Omega_c n}{\pi n}$$

となる．$n = 0$ のときは

$$x(0) = \dfrac{\Omega_c}{\pi}$$

となる．

(4) $X(\Omega) = \dfrac{1}{1-(1/3)e^{-j\Omega}} = 1 + \left(\dfrac{1}{3}\right)e^{-j\Omega} + \left(\dfrac{1}{3}\right)^2 e^{-j2\Omega} + \left(\dfrac{1}{3}\right)^3 e^{-j3\Omega} + \cdots$

と展開できるので，時間シフトの性質を利用すると
$$x(n) = \begin{cases} (1/3)^n & (n \geqq 0) \\ 0 & (n < 0) \end{cases}$$
となる．

---

③

(1) $X[k] = \displaystyle\sum_{n=0}^{3} x[n] e^{-j2\pi kn/4} = (-j)^k + 2(-1)^k + 3j^k = \{6, -2+2j, -2, -2-2j\}$

(2) $X[k] = \displaystyle\sum_{n=0}^{3} x[n] e^{-j2\pi kn/4} = 1 + (-j)^k - (-1)^k - j^k = \{0, 2-2j, 0, 2+2j\}$

(3) $X[k] = \displaystyle\sum_{n=0}^{7} x[n] e^{-\frac{j2\pi k}{8}n}$

$\quad = \dfrac{1}{2} + e^{-\frac{j2\pi k}{8}} + \dfrac{1}{2} e^{-\frac{j2\pi k}{8} 2}$

$\quad = e^{-\frac{j2\pi k}{8}} \left(\dfrac{1}{2} e^{\frac{j2\pi k}{8}} + 1 + \dfrac{1}{2} e^{-\frac{j2\pi k}{8}} \right)$

$\quad = e^{-\frac{j\pi k}{4}} \left\{ 1 + \cos\left(\dfrac{\pi}{4} k\right) \right\} = \Big\{ 2, \dfrac{1+\sqrt{2}}{2} - j\dfrac{1+\sqrt{2}}{2}, -j, \dfrac{1-\sqrt{2}}{2} - j\dfrac{-1+\sqrt{2}}{2}, 0,$

$\qquad\qquad\qquad\qquad\qquad\qquad \dfrac{1-\sqrt{2}}{2} - j\dfrac{1-\sqrt{2}}{2}, j, \dfrac{1+\sqrt{2}}{2} - j\dfrac{-1-\sqrt{2}}{2} \Big\}$

---

④ $x[n]$ の DFT である $X[k]$ を求めて，その2乗を IDFT すれば $x[n]$ 同士の巡回たたみ込み和を求めることができる．
$$X[k] = 1 + (-j)^k = \{2, 1-j, 0, 1+j\}$$
より
$$X[k]^2 = \{2^2, (1-j)^2, 0, (1+j)^2\} = \{4, -2j, 0, 2j\}$$
これを IDFT した離散時間信号を $y[n]$ とすると
$$y[n] = \dfrac{1}{4} \sum_{k=0}^{3} X[k]^2 e^{\frac{j2\pi kn}{4}} = \{1, 2, 1, 0\}$$
を得る．

6章

① 線形時不変システムの入出力関係は次式のたたみ込みで表される．
$$y(n) = \sum_{k=-\infty}^{\infty} h(k) x(n-k)$$
値を代入して出力 $y(n)$ を求めると次のように求められる．
$$y(-1) = h(-1)x(0) = -0.4 \times 10 = -4$$

$$y(0)=h(-1)x(1)+h(0)x(0)=-0.4\times 5+0.8\times 10=6$$
$$y(1)=h(-1)x(2)+h(0)x(1)+h(1)x(0)$$
$$=-0.4\times(-3)+0.8\times 5+0.2\times 10=7.2$$
$$y(2)=h(0)x(2)+h(1)x(1)=0.8\times(-3)+0.2\times 5=-1.4$$
$$y(3)=h(1)x(2)=0.2\times(-3)=-0.6$$

$y(-1)\sim y(1)$ の計算をみてわかるように,このシステムでは現在の出力を計算するために,未来の入力を利用している.このようなシステムは因果性を満たさない.

② $x(n)=u(n)\cos\omega_0 n=\dfrac{1}{2}(e^{j\omega_0 n}+e^{-j\omega_0 n})u(n)$

の関係と,指数信号の z 変換を利用すると次式が得られる.

$$X(z)=\frac{1}{2}\left(\frac{1}{1-e^{j\omega_0}z^{-1}}+\frac{1}{1-e^{-j\omega_0}z^{-1}}\right)$$
$$=\frac{1}{2}\frac{2-z^{-1}(e^{j\omega_0}+e^{-j\omega_0})}{1-2\cos\omega_0 z^{-1}+z^{-2}}$$
$$=\frac{1-(\cos\omega_0)z^{-1}}{1-(2\cos\omega_0)z^{-1}+z^{-2}}$$

収束領域は $|e^{j\omega_0}z^{-1}|\leq|e^{j\omega_0}||z^{-1}|<1$ より,$|z|>1$ となる.

③ 両辺を z 変換して伝達関数を求めると次式が得られる.

$$H(z)=\frac{1+1.5z^{-1}+2.25z^{-2}}{1-0.8z^{-1}+0.64z^{-2}}=\frac{z^2+1.5z+2.25}{z^2-0.8z+0.64}$$

分子多項式を因数分解して零点を求めると

$$c_0=\frac{-1.5+\sqrt{2.25-4\times 2.25}}{2}=\frac{-1.5+j1.5\sqrt{3}}{2}$$
$$c_1=\frac{-1.5-\sqrt{2.25-4\times 2.25}}{2}=\frac{-1.5-j1.5\sqrt{3}}{2}$$

が得られる.次に,分母多項式を因数分解して極を求めると

$$d_1=\frac{0.8+\sqrt{0.64-4\times 0.64}}{2}=\frac{0.8+j0.8\sqrt{3}}{2}$$
$$d_2=\frac{0.8-\sqrt{0.64-4\times 0.64}}{2}=\frac{0.8-j0.8\sqrt{3}}{2}$$

が得られる.

④ このフィルタは偶数次,偶対称インパルス応答FIRフィルタであるため,直線位相特性をもつ.振幅特性は

$$|H(\omega)|=|0.8-1.2\cos\omega-0.4\cos 2\omega+0.6\cos 3\omega|$$

となり,位相特性は

$$\angle H(\omega)=-3\omega$$

となる.

索　引

ア　行

アナログ信号 ················· 9
アナログ－ディジタル変換 ········ 80
アナログフィルタ ················ 10
安定性 ······················ 128

位　相 ······················ 17
位相特性 ···················· 133
一次システム ·················· 59
異名現象 ······················ 86
因果性 ······················ 128
因果的システム ················ 128
インターポレーション ············ 88
インパルス ················ 47,56
インパルス応答 ············· 57,127
インパルス雑音 ·················· 6

エイリアシング ············· 82,86

オイラーの公式 ·················· 18
音声信号 ······················· 4
音声信号処理 ··················· 4

カ　行

可逆圧縮 ······················· 5
画像圧縮 ······················· 5
画像信号処理 ··················· 5
過渡応答 ······················ 65
過渡状態 ······················ 65

ギブス現象 ···················· 36
逆離散時間フーリエ変換 ········ 106
逆離散フーリエ変換 ············ 115
極 ·························· 142
切捨て ······················· 97

矩形波 ······················· 35
群遅延特性 ··················· 152

高速フーリエ変換 ·············· 117
孤立信号 ······················· 8

サ　行

最大周波数 ···················· 87
雑　音 ······················· 4
雑音除去 ······················· 6
三角波 ······················· 16
サンプラ ····················· 81
サンプリング ················ 9,80
サンプリング角周波数 ··········· 83
サンプリング関数 ··············· 93
サンプリング周波数 ············· 83
サンプリング定理 ··············· 87

指数信号 ···················· 112
時不変システム ············· 54,125
時不変性 ·················· 54,127

周　期・・・・・・・・・・・・・・・・・・・・・・・・ 16
周期信号・・・・・・・・・・・・・・・・・・・・・ 8,16
収束領域・・・・・・・・・・・・・・・・・・・・・ 135
周波数位相特性・・・・・・・・・・・・・・・・・ 62
周波数スペクトル・・・・・・・・・・・・・・ 106
周波数特性・・・・・・・・・・・・・・・・・ 62,133
順序統計フィルタ・・・・・・・・・・・・・・・ 13
情　報・・・・・・・・・・・・・・・・・・・・・・・・・ 2
信　号・・・・・・・・・・・・・・・・・・・・・・・・2,8
信号処理・・・・・・・・・・・・・・・・・・・・・・・ 2
振　幅・・・・・・・・・・・・・・・・・・・・・・・・ 17
振幅特性・・・・・・・・・・・・・・・・・・・・・ 133

スペクトル・・・・・・・・・・・・・・・・・ 43,106
スペクトルサブトラクション法・・・・・・ 4

正弦波信号・・・・・・・・・・・・・ 16,103,110
生体信号・・・・・・・・・・・・・・・・・・・・・・・ 2
生体信号処理・・・・・・・・・・・・・・・・・・・ 7
生体認証・・・・・・・・・・・・・・・・・・・・・・・ 7
絶対安定・・・・・・・・・・・・・・・・・・・・・ 146
零次ホールド・・・・・・・・・・・・・・・・・・ 81
零　点・・・・・・・・・・・・・・・・・・・・・・・ 141
線形システム・・・・・・・・・・・・・・・・・ 125
線形時不変システム・・・・・・・・・・ 54,125

双線形補間・・・・・・・・・・・・・・・・・・・・ 81

タ　行

帯域制限信号・・・・・・・・・・・・・・・・・・ 86
ダイナミックレンジ・・・・・・・・・・・・・ 97
たたみ込み・・・・・・・・・・・・・・・・・・・ 127
たたみ込み積分・・・・・・・・・・・・・・ 45,56
単位インパルス信号・・・・・・・・・ 102,109

直接形・・・・・・・・・・・・・・・・・・・・・・・ 157
直線位相特性・・・・・・・・・・・・・・・・・ 151

ディジタル－アナログ変換・・・・・・・・ 81
ディジタル信号・・・・・・・・・・・・・・・・ 10
ディジタルフィルタ・・・・・・・・・・・・・ 10
適応信号処理・・・・・・・・・・・・・・・・・・ 12
適応ノイズキャンセラ・・・・・・・・・・・・ 5
デシメーション・・・・・・・・・・・・・・・・ 88
伝達関数・・・・・・・・・・・・・・・・・・・ 73,139

ナ　行

ナイキストレート・・・・・・・・・・・・・・ 87

二次システム・・・・・・・・・・・・・・・・・・ 59

のこぎり波・・・・・・・・・・・・・・・・・・・・ 38

ハ　行

白色雑音・・・・・・・・・・・・・・・・・・・・・・・ 8
パーセバルの公式・・・・・・ 34,45,108,116
パルス・・・・・・・・・・・・・・・・・・・・・ 46,111
パルス波・・・・・・・・・・・・・・・・・・・・・・ 35
パワースペクトル・・・・・・・・・・・・・・ 45

非可逆圧縮・・・・・・・・・・・・・・・・・・・・・ 5
非周期信号・・・・・・・・・・・・・・・・・・・・ 41
微分方程式・・・・・・・・・・・・・・・・・・・・ 59
標本化・・・・・・・・・・・・・・・・・・・・・・ 9,80

フィードバック・・・・・・・・・・・・・・・ 154
フィルタ処理・・・・・・・・・・・・・・・・・・・ 3
不規則信号・・・・・・・・・・・・・・・・・・・・・ 8

索引

171

複素正弦波信号・・・・・・・・・・・・・・・ 18,104
複素フーリエ級数・・・・・・・・・・・・・・・・ 30
複素フーリエ級数で成り立つ性質・・・ 33
複素フーリエ級数展開・・・・・・・・・・・・ 30
複素フーリエ係数・・・・・・・・・・・・・・・・ 30
符号化・・・・・・・・・・・・・・・・・・・・・・・・ 80
符号化器・・・・・・・・・・・・・・・・・・・・・・ 81
部分分数展開・・・・・・・・・・・・・・・・・・ 69
フーリエ級数・・・・・・・・・・・・・・・・・・・ 22
フーリエ級数展開・・・・・・・・・・・・・・・ 22
フーリエ係数・・・・・・・・・・・・・・・・・・・ 22
フーリエスペクトル・・・・・・・・・・・・・・ 43
フーリエ変換・・・・・・・・・・・・・・・・・・・・ 3
フーリエ変換対・・・・・・・・・・・・・・・・・ 44
フーリエ変換で成り立つ性質・・・・・・・ 44

平均値フィルタ処理・・・・・・・・・・・・・・ 6
ヘヴィサイトの方法・・・・・・・・・・・・・・ 70

マ 行

マルチレートシステム・・・・・・・・・・・・ 88
マルチレート信号処理・・・・・・・・・・・・ 88
丸　め・・・・・・・・・・・・・・・・・・・・・・・・ 97

無限長インパルス応答システム・・・・ 131

メインローブ・・・・・・・・・・・・・・・・・・ 149
メジアンフィルタ・・・・・・・・・・・・・ 6,12

ヤ 行

有限長インパルス応答システム・・・・ 131

余弦波信号・・・・・・・・・・・・・・・・・・・・ 16

ラ 行

ラプラス逆変換・・・・・・・・・・・・・・・・・ 68
ラプラス変換・・・・・・・・・・・・・・・・・・・ 65
ラプラス変換の性質・・・・・・・・・・・・・ 66

離散化・・・・・・・・・・・・・・・・・・・・・・・・・ 9
離散時間システム・・・・・・・・・・・・・・ 124
離散時間信号・・・・・・・・・・・・・・・・ 9,102
離散時間フーリエ変換・・・・・・・・・・ 105
離散時間フーリエ変換で成り立つ
　性質・・・・・・・・・・・・・・・・・・・・・・・ 107
離散フーリエ変換・・・・・・・・・・・・・・ 114
離散フーリエ変換で成り立つ性質・・ 116
離散量・・・・・・・・・・・・・・・・・・・・・・・・・ 9
両側 z 変換・・・・・・・・・・・・・・・・・・・ 135
量子化・・・・・・・・・・・・・・・・・・・・ 9,80,95
量子化器・・・・・・・・・・・・・・・・・・・・・・ 81
量子化誤差・・・・・・・・・・・・・・・・・ 80,97
量子化ステップサイズ・・・・・・・・・・・ 97
量子化レベル・・・・・・・・・・・・・・・・・・ 97

連続時間システム・・・・・・・・・・・・・・・ 52

アルファベット

A-D 変換・・・・・・・・・・・・・・・・・・・・・・ 80
A-D 変換器・・・・・・・・・・・・・・・・・・・・ 80

D-A 変換・・・・・・・・・・・・・・・・・・・・・・ 81
D-A 変換器・・・・・・・・・・・・・・・・・・・・ 81
DFT・・・・・・・・・・・・・・・・・・・・・・・・・ 114
DTFT・・・・・・・・・・・・・・・・・・・・・・・ 105

FIR システム・・・・・・・・・・・・・・・・・・ 131

FIR フィルタ ･････････････････ 148

IDFT ･････････････････････ 115
IDTFT ････････････････････ 106
IIR システム ･･････････････ 131
IIR フィルタ ･･････････････ 148

LTI システム ････････････ 54,125

z 平面 ････････････････････ 135
z 変換 ････････････････････ 135
z 変換の性質 ･････････････ 136

索引

〈監修者紹介〉

渡部 英二（わたなべ　えいじ）

1958年，愛媛県生まれ．1986年，東京工業大学大学院理工学研究科博士後期課程電子物理工学専攻修了．同年，同大学大学院総合理工学研究科物理情報工学専攻助手．1991年，芝浦工業大学システム工学部電子情報システム学科講師．2000年より同教授．現在，芝浦工業大学システム理工学部電子情報システム学科教授．大学院時代より一貫して信号処理と回路理論の分野で研究に従事している．特に，ディジタルフィルタの構成論に興味を持っている．

工学博士

〈主な著書〉
「基本を学ぶ　回路理論」（オーム社，2012）
「ディジタル信号処理システムの基礎」（森北出版，2008）

〈所属学会〉
電子情報通信学会，電気学会，映像情報メディア学会，IEEE

〈著者紹介〉

久保田　彰（くぼた　あきら）

1974年，大分県生まれ．1997年，大分大学工学部卒業．1999年，東京大学大学院工学系研究科修士課程修了．2002年，東京大学大学院工学系研究科博士課程修了．日本学術振興会ポストドクター研究員，カーネギーメロン大学訪問研究員，神奈川大学ポストドクター研究員，東京工業大学大学院総合理工学研究科助手を経て，2009年，中央大学理工学部助教．2011年より，同大学准教授．マルチメディア情報処理の研究に従事している．

博士（工学）

〈所属学会〉
電子情報通信学会，映像情報メディア学会，IEEE

【執筆箇所：2章，5章】

陶山 健仁（すやま　けんじ）

1971年，徳島県生まれ．1998年，電気通信大学大学院電気通信学研究科電子情報学専攻博士後期課程修了．同年，電気通信大学電気通信学部助手．1999年，東京理科大学工学部経営工学科助手．2002年，東京電機大学工学部電気工学科講師．2012年より，同大学工学部電気電子工学科教授．ディジタルフィルタ，マイクロホンアレーの研究に従事している．

博士（工学）

〈所属学会〉
電子情報通信学会，電気学会

【執筆箇所：6章】

神野 健哉（じんの　けんや）

1966年，愛知県生まれ．1996年，法政大学大学院工学研究科電気工学専攻博士後期課程修了．1996年，上智大学理工学部電気電子工学科助手．日本工業大学工学部電気電子工学科助手，講師，准教授，教授を経て，2018年より東京都市大学情報工学部教授．非線形回路，非線形信号処理等の研究に従事している．

博士（工学）

〈所属学会〉
IEEE，電子情報通信学会シニア会員，情報処理学会，信号処理学会

〈資　格〉
第1種情報処理技術者

【執筆箇所：3章】

田口　亮（たぐち　あきら）

1961年，埼玉県生まれ．1989年，慶應義塾大学大学院理工学研究科電気工学専攻博士課程修了．同年，武蔵工業大学（現，東京都市大学）工学部助手．その後，講師，助教授を経て，2001年，同大学教授．現在，東京都市大学情報工学部教授．ディジタル信号・画像処理の研究に従事している．

工学博士

〈主な著書〉
「非線形ディジタル信号処理」（共著／朝倉書店，1999）

〈所属学会〉
電子情報通信学会フェロー，IEEE Senior Member

【執筆箇所：1章，4章】

- 本書の内容に関する質問は，オーム社ホームページの「サポート」から，「お問合せ」の「書籍に関するお問合せ」をご参照いただくか，または書状にてオーム社編集局宛にお願いします．お受けできる質問は本書で紹介した内容に限らせていただきます．なお，電話での質問にはお答えできませんので，あらかじめご了承ください．
- 万一，落丁・乱丁の場合は，送料当社負担でお取替えいたします．当社販売課宛にお送りください．
- 本書の一部の複写複製を希望される場合は，本書扉裏を参照してください．

JCOPY ＜出版者著作権管理機構 委託出版物＞

基本からわかる
信号処理講義ノート

2014年4月25日　第1版第1刷発行
2024年4月10日　第1版第8刷発行

監修者　渡部英二
著　者　久保田彰・神野健哉・陶山健仁・田口　亮
発行者　村上和夫
発行所　株式会社 オーム社
　　　　郵便番号　101-8460
　　　　東京都千代田区神田錦町3-1
　　　　電　話　03(3233)0641（代表）
　　　　URL https://www.ohmsha.co.jp/

© 久保田彰・神野健哉・陶山健仁・田口　亮 2014

印刷・製本　平河工業社
ISBN978-4-274-21531-5　Printed in Japan

基本からわかる 講義ノート シリーズのご紹介

こだわりが沢山ありますよ

僕たちが大活躍！

❹ 大特長

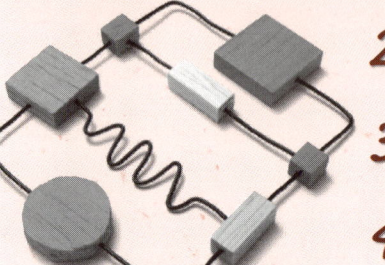

1 広く浅く記述するのではなく，必ず知っておかなければならない事項について やさしく丁寧に，深く掘り下げて 解説しました

2 各節冒頭の「キーポイント」に 知っておきたい事前知識などを盛り込みました

3 より理解が深まるように，吹出しや付せんによって補足解説を盛り込みました

4 理解度チェックが図れるように，章末の練習問題を難易度3段階式としました

基本からわかる 電気回路講義ノート
- 西方 正司 監修／岩崎 久雄・鈴木 憲吏・鷹野 一朗・松井 幹彦・宮下 收 共著
- A5判・256頁 ●定価(本体2500円【税別】)

基本からわかる 電磁気学講義ノート
- 松瀬 貢規 監修／市川 紀充・岩崎 久雄・澤野 憲太郎・野村 新一 共著
- A5判・234頁 ●定価(本体2500円【税別】)

基本からわかる パワーエレクトロニクス講義ノート
- 西方 正司 監修／高木 亮・高見 弘・鳥居 粛・枡川 重男 共著
- A5判・200頁 ●定価(本体2500円【税別】)

基本からわかる 電気電子計測講義ノート
- 湯本 雅恵 監修／桐生 昭吾・宮下 收・元木 誠・山崎 貞郎 共著
- A5判・240頁 ●定価(本体2500円【税別】)

基本からわかる システム制御講義ノート
- 橋本 洋志 監修／石井 千春・汐月 哲夫・星野 貴弘 共著
- A5判・248頁 ●定価(本体2500円【税別】)

基本からわかる 電子回路講義ノート
- 渡部 英二 監修／工藤 嗣友・高橋 泰樹・水野 文夫・吉見 卓・渡部 英二 共著
- A5判・228頁 ●定価(本体2500円【税別】)

基本からわかる 電気機器講義ノート
- 西方 正司 監修／下村 昭二・百目鬼 英雄・星野 勉・森下 明平 共著
- A5判・192頁 ●定価(本体2500円【税別】)

もっと詳しい情報をお届けできます．
※書店に商品がない場合または直接ご注文の場合は右記宛にご連絡ください．

ホームページ http://www.ohmsha.co.jp/
TEL／FAX TEL.03-3233-0643 FAX.03-3233-3440

(定価は変更される場合があります)

関連書籍のご案内

映像情報メディア工学大事典

社団法人 映像情報メディア学会 編

編集委員長 ■ 羽鳥 光俊
副委員長 ■ 榎並 和雅
幹 事 長 ■ 伊藤 崇之・齊藤 隆弘

B5判・1600頁（4分冊・函入）
定価（本体45000円【税別】）

【基礎編】
1. 光・色・視覚・画像
2. 映像システム概論
3. 画像符号化
4. 画像処理
5. コンピュータグラフィックス
6. 音声・音響
7. 画像表現と処理のための数学的手法

【継承技術編】
1. 番組伝送
2. 放送方式
3. 放送現業・番組制作
4. 番組制作設備・機器
5. 送受信設備・機器
6. 民生機器
7. 映像関連デバイス

【技術編】
1. 情報センシング
2. 情報ディスプレイ
3. 情報ストレージ
4. 画像半導体技術
5. デジタル放送方式
6. 無線伝送技術
7. コンテンツ制作と運用
8. ブロードバンドとコンテンツ流通
9. 符号化標準とメディア応用技術
10. フューチャービジョン
11. コンシューマエレクトロニクス
12. 起業工学

【データ編】
1. 画像符号化
2. 画像処理
3. コンピュータグラフィックス
4. 音声・音響
5. 情報センシング
6. 情報ストレージ
7. 半導体技術
8. デジタル放送方式
9. 無線伝送技術
10. ブロードバンドとコンテンツ流通
11. コンテンツ制作と運用
12. 符号化標準とメディア応用技術
13. フューチャービジョン
14. コンシューマエレクトロニクス
15. テストデータ

　映像情報メディア学会では，テレビジョンおよび映像情報メディア全般を俯瞰するハンドブックを，「テレビジョン・画像情報工学ハンドブック」（1990年出版），「映像情報メディアハンドブック」（2000年出版）と，10年ごとに出版してきました．
　今回，本年2010年刊行をめざして準備をするに当たっては，おりしも地上ディジタル放送の完全実施直前であり，放送のディジタル化から放送と通信の融合，ディジタル放送の次の世代の放送技術への変革の時期であることから，従来のハンドブックにはない新しい特徴を持つ出版物の可能性を検討しました．それが「映像情報メディア工学大事典」です．
　従来型のハンドブックが読み物的で通読しないと全貌が理解できないものであるのに対して，本大事典はそれぞれに特徴を持った4編で構成し，通読して基礎知識を得ることも，短時間で専門的な内容を理解することもできるものとし，会員各層の皆様にご賛同いただけるようにしました．
　本年は，テレビジョン学会時代から数えて映像情報メディア学会創立60周年でもあります．学会創立60周年事業としての取組みとして当学会が総力を挙げて取り組み，会員および学生会員の各位に利用される大事典としたいと念じております．

もっと詳しい情報をお届けできます．
◎書店に商品がない場合または直接ご注文の場合は右記宛にご連絡ください．

ホームページ http://www.ohmsha.co.jp/
TEL/FAX TEL.03-3233-0643 FAX.03-3233-3440

（定価は変更される場合があります）

関連書籍のご案内

電気工学分野の金字塔、
充実の改訂！

電気工学ハンドブック 第7版
一般社団法人 電気学会 [編]

1951年にはじめて出版されて以来、電気工学分野の拡大とともに改訂され、長い間にわたって電気工学にたずさわる広い範囲の方々の座右の書として役立てられてきたハンドブックの第7版。すべての工学分野の基礎として、幅広く広がる電気工学の内容を網羅し収録しています。

編集・改訂の骨子

- 基礎・基盤技術を固めるとともに、新しい技術革新成果を取り込み、拡大発展する関連分野を充実させた。
- 「自動車」「モーションコントロール」などの編を新設、「センサ・マイクロマシン」「産業エレクトロニクス」の編の内容を再構成するなど、次世代社会において貢献できる技術の取り込みを積極的に行った。
- 改版委員会、編主任、執筆者は、その分野の第一人者を選任し、新しい時代を先取りする内容となった。
- 目次・和英索引と連動して項目検索できる本文PDFを収録したDVD-ROMを付属した。

- B5判・2706頁・上製函入
- 本文PDF収録DVD-ROM付
- 定価(本体45000円[税別])

主要目次 数学／基礎物理／電気・電子物性／電気回路／電気・電子材料／計測技術／制御・システム／電子デバイス／電子回路／センサ・マイクロマシン／高電圧・大電流／電線・ケーブル／回転機一般・直流機／永久磁石回転機・特殊回転機／同期機・誘導機／リニアモータ・磁気浮上／変圧器・リアクトル・コンデンサ／電力開閉装置・避雷装置／保護リレーと監視制御装置／パワーエレクトロニクス／ドライブシステム／超電導および超電導機器／電気事業と関係法規／電力系統／水力発電／火力発電／原子力発電／送電／変電／配電／エネルギー新技術／計算機システム／情報処理ハードウェア／情報処理ソフトウェア／通信・ネットワーク／システム・ソフトウェア／情報システム・監視制御／交通／自動車／産業ドライブシステム／産業エレクトロニクス／モーションコントロール／電気加熱・電気化学・電池／照明・家電／静電気／医用電子・一般／環境と電気工学／関連工学

もっと詳しい情報をお届けできます。
※書店に商品がない場合または直接ご注文の場合は右記宛にご連絡ください。

ホームページ http://www.ohmsha.co.jp/
TEL／FAX TEL.03-3233-0643 FAX.03-3233-3440

(定価は変更される場合があります)